Imene Belhaj Khalifa
Néji Ladhari

Application de la séricine pour la modification des supports textiles

Imene Belhaj Khalifa
Néji Ladhari

Application de la séricine pour la modification des supports textiles

Cas de la laine et du coton

Presses Académiques Francophones

Imprint
Any brand names and product names mentioned in this book are subject to trademark, brand or patent protection and are trademarks or registered trademarks of their respective holders. The use of brand names, product names, common names, trade names, product descriptions etc. even without a particular marking in this work is in no way to be construed to mean that such names may be regarded as unrestricted in respect of trademark and brand protection legislation and could thus be used by anyone.

Cover image: www.ingimage.com

Publisher:
Presses Académiques Francophones
is a trademark of
International Book Market Service Ltd., member of OmniScriptum Publishing Group
17 Meldrum Street, Beau Bassin 71504, Mauritius

Printed at: see last page
ISBN: 978-3-8416-3564-8

Copyright © Imene Belhaj Khalifa, Néji Ladhari
Copyright © 2015 International Book Market Service Ltd., member of OmniScriptum Publishing Group
All rights reserved. Beau Bassin 2015

Application de la séricine pour la modification des supports textiles

BELHAJ_KHALIFA IMENE

Ingénieure en Génie Textile

Je dédie ce travail

A tous ceux qui me sont chers

A mes très chers parents *Mon papa Naceur et Ma maman Essia*

Pour leurs sacrifices et en témoignage de mon attachement

A mes très chères sœurs *Darine et Hela*

Et mes très chers frères *Nabil et Taha*

Pour leur encouragement et leur soutien

A tous mes amies

IMEN

Remerciements

Mes remerciements, avant tous, à DIEU tout puissant pour la volonté, la santé et la patience qu'il m'a donné durant toutes ces longues années d'études afin que je puisse arriver à ce niveau.

Ce travail doit énormément à Monsieur Mustapha TOUAY, ingénieur chef en agronomie et coorganisateur du projet pilote Tunisien-Coréen de sériciculture, à lui que j'exprime ma profonde gratitude de nous avoir accueilli à Tabarka où nous avons pris connaissances des différentes étapes de sériciculture et de production de la soie. Je le remercie encore pour son accueil chaleureux et familial et sa disponibilité.

Ce travail a été réalisé au sein des laboratoires de teinture et de spectroscopie du département de chimie à l'institut supérieur des études technologiques à Ksar Hellal « ISET Ksar Hellal» sous la direction de Monsieur, que je tiens à le remercier.

Je tiens aussi à remercier mon encadreur Monsieur Dr. Néji LADHARI pour m'avoir accordé sa confiance pour ce travail de recherche. J'ai beaucoup apprécié sa disponibilité et ses conseils qui ont permis d'orienter l'étude au mieux et d'atteindre les objectifs fixés.

J'adresse mes respectueux remerciements à Monsieur Mohamed Farouk M'HENNI, Professeur à la faculté des sciences de Monastir, qui m'a fait l'honneur de présider mon jury.

Je remercie également Monsieur Adel GHITH, maître assistant à l'école nationale d'ingénieurs de Monastir, pour l'honneur qu'il m'a accordé en acceptant d'évaluer mon travail.

Un grand merci à Monsieur Mohamed BEN SALAH, technicien supérieur à la faculté de pharmacie de Monastir, pour ses aides précieuses, ses conseils, son encouragement et ses qualités humaines.

J'adresse mes vifs remerciements et reconnaissances à tous mes enseignants à l'ENIM et aux techniciens de l'ISET de Ksar Hellal sans exception.

Sommaire

Liste des abréviations 8
Liste des légendes.. 9
INTRODUCTION GENERALE 13

ETUDE BIBLIOGRAPHIQUE

CHAPITRE I : UTILISATIONS DE LA SERICINE.. 16
    I.1. Introduction 16
    I.2. Domaine cosmétique 16
    I.3. Industrie alimentaire 16
    I.4. Fibres fonctionnelles et tissus 17
    I.5. Matières biodégradables 19
    I.6. Membranes 20
    I.7. Matières biologiques fonctionnelles 21
    I.8. Matières biomédicales 23
    I.9. Conclusion 24

CHAPITRE II : CARACTERISATION ET TRAITEMENT DE LA SERICINE........ 26
    II.1. Généralités sur la soie 26
        II.1.1. Sériciculture 27
        II.1.2. Bombyx du mûrier 27
        II.1.3. Structure et composition de la soie 28
            II.1.3.1. Fibroïne 28
            II.1.3.2. Séricine 30

    II.2. Caractérisation de la séricine 31
        II.2.1. Chimie des protéines 31
        II.2.2. Composition chimique de la séricine 33
        II.2.3. Structure chimique de la séricine 35
            II.2.3.1. Liaisons de la structure tertiaire 35
            II.2.3.2. Dénaturation de la séricine 36
            II.2.3.3. Action des dissolvants organiques sur la structure secondaire 38
        II.2.4. Hétérogénéité de la séricine 39

II.2.5. Propriétés physico-chimiques 39

II.3. Extraction et récupération de la séricine 40
    II.3.1. Extraction de la séricine 40
        II.3.1.1. Extraction par de l'eau à la température d'ébullition 40
        II.3.1.2. Extraction par de l'eau à température élevée sous pression 41
        II.3.1.3. Extraction par des solutions alcalines 41
        II.3.1.4. Extraction par les détergents synthétiques 41
        II.3.1.5. Extraction par les acides 41
        II.3.1.6. Extraction par les enzymes 42
    II.3.2. Techniques de récupération de la séricine 43
        II.3.2.1. Récupération de la séricine par séchage 43
        II.3.2.2. Récupération de la séricine par ultrafiltration 43
        II.3.2.3. Récupération de la séricine par hydrolyse enzymatique 44
        II.3.2.4. Récupération de la séricine par relargage 44
    II.3.3. Rendement d'extraction 44

II.4. Méthodes de dosage des proteines 45
    II.4.1. Méthode d'absorption à l'UV (280 nm) 45
    II.4.2. Méthode du biuret 46
    II.4.3. Méthode de Lowry 46
    II.4.4. Méthode du bleu de Coomassie 46
    II.4.5. Acide bicinchonique 47
    II.4.6. Méthode de Kejdahl 47

II.5. Conclusion 47

ETUDE EXPERIMENTALE

CHAPITRE I : VERIFICATION ET EXTRACTION DE LA SERICINE 49
I.1. Introduction 49

I.2. Vérification de la séricine par spectrophotométrie UV 49

I.3. Détermination des paramètres d'extraction de la séricine 50
    I.3.1. Application d'un plan d'expériences 50
    I.3.2. Influence des paramètres d'extraction sur le rendement 52
        I.3.2.1. Température d'extraction 52
        I.3.2.2. Rapport de bain d'extraction 54

I.3.2.3. Durée d'extraction 56

I.4. Analyse par Chromatographie sur couche mince 57
    I.4.1. Principe de la chromatographie 57
    I.4.2. Analyse de la séricine 58

I.5. Conclusion 59

CHAPITRE II : TRAITEMENT DES SUPPORTS TEXTILES 60

II.1. Introduction 60

II.2. Analyse des paramètres de fixation 60
    II.2.1. Effet du pH 60
    II.2.2. Effet de la température 62
    II.2.3. Effet de la durée 63
    II.2.4. Conclusion... 63

II.3. Propriétés des supports textiles 64
    II.3.1. Fibre de coton 64
        II.3.1.1. Propriétés physiques 64
        II.3.1.2. Propriétés chimiques 65
    II.3.2. Fibre de laine 65
        II.3.2.1. Propriétés physiques 66
        II.3.2.2. Propriétés chimiques 66

II.4. Application de la séricine 67
    II.4.1. Application sur la laine 67
        II.4.1.1. Evaluation de la fixation de la séricine 67
        II.4.1.2. Analyse des paramètres du traitement de la laine 68
            a-Effet de la quantité de sel 68
            b-Effet du pH... 69
            c-Effet de la température et la durée 72
        II.4.1.3. Variation de la concentration de la séricine 73
    II.4.2. Application sur le coton 73
        II.4.2.1. Analyse des paramètres du traitement du coton 75
        II.4.2.2. Cationisation du coton 77

II.5. Conclusion 77

CHAPITRE III : SOLIDITE ET EFFETS OBTENUS 78
III.1. Solidité du traitement au lavage 78

III.2. Analyse des effets obtenus 80
    III.2.1. Effet sur la nuance 80
    III.2.2. Effet sur la capacité d'absorption 81
        III.2.2.1. Protocole expérimental 81
        III.2.2.2. Résultats et interprétations 82
    III.2.3. Effet sur le toucher 83
        III.2.3.1. Principe 83
        III.2.3.2. Protocole expérimental 83
        III.2.3.3. Résultats et interprétations 84

    III.2.4. Activité antibactérienne 84
        III.2.4.1. Protocole expérimental 84
        III.2.4.2. Résultats et interprétations 86

III.3. Conclusion 86

CONCLUSION GENERALES ET PERSPECTIVES 88
REFERENCES BIBLIOGRAPHIQUE 90
REFERENCES WEBOGRAPHIQUE 93

ANNEXES
Annexe 1 : Généralités : la Soie 95
Annexe 2 : Les Acides Aminés 101
Annexe 3 : Courbe d'étalonnage et plan d'expériences 106
Annexe 4 : Machines et appareils utilisées 107
Annexe 5 : Protocoles expérimentaux 110

Liste des abréviations

A₂₈₀ : Absorbance à la longueur d'onde 280nm

AA : Acide Aminé

C_ab : Capacité d'absorption

CCM : Chromatographie à Couche Mince

G_ab% : Gain d'absorption d'eau

NT : Echantillon non traité.

Me : Masse d'échantillon égouttée

M finale : Masse de séricine introduite dans le bain

M fixée : Masse de séricine fixée

M initiale : Masse de séricine après épuisement

M non fixée : Masse de séricine non fixée

Ms : Masse d'échantillon sèche

R 280/220 : Rapport entre les absorbances des longueurs d'onde 280 et 220

RBE : Rapport de Bain d'Extraction

SEM : Microscope Électronique à Balayage (Scanning Electronic Microscopy)

T ép% : Taux d'épuisement

T_f% : Taux de fixation après lavage

UV : Ultra violet

Liste des légendes

PARTIE BIBLIOGARPHIQUE

Liste des figures

Figure II.1 : Coupe transversale d'un ver à soie. 26
Figure II.2 : Feuilles de mûrier. 28
Figure II.3 : Microstructure d'un cocon par l'image SEM. 28
Figure II.4 : Feuillets Bêta antiparallèles. 29
Figure II.5 : Structure de la fibroïne. 29
Figure II.6 : Distance entre deux feuillets Bêta. 29
Figure II.7 : Microstructure de la soie grège. 30
Figure II.8 : Structure générale d'un acide aminé. 31
Figure II.9 : Formation d'une liaison peptidique entre deux acides aminés. 31
Figure II.10 : Schéma représentatif des structures des protéines. 33
Figure II.11 : Représentation schématique de la liaison intermoléculaire d'hydrogène entre la fibroïne et la séricine. 35
Figure II.12 : Liaisons entre chaînes latérales impliquées dans la structure tertiaire des protéines. 36
Figure II.13 : Représentation schématique de la dénaturation d'une protéine. 36
Figure II.14 : Images (SEM) présentant l'action des dissolvants organiques sur la séricine. 38

Liste des tableaux

Tableau II.1 : Composition chimique de la séricine 33
Tableau II.2 : Pourcentage des acides aminés en fonction de leur caractère hydrophile. 34
Tableau II.3 : Comparaison de la conformation entre deux poudres de séricine 38
Tableau II.4 : Précipitation des séricines par l'éthanol 39
Tableau II.5 : Rendement de la séricine dégommée par différentes méthodes 42
Tableau II.6 : Composition chimique des poudres de séricine récupérées. 45

Liste des équations

Équation II.1 : Rendement d'éxtraction 44
Équation II.2 : Relation fondamentale de la *Loi de Beer-Lambert* 46

PARTIE EXPERIMENTALE

Liste des figures

Figure I.1 : Test de vérification de la séricine extraite à 95°C pendant 3h. 49
Figure I.2 : Diagramme de Pareto des effets principaux. 51
Figure I.3 : Graphiques des effets principaux. 52
Figure I.4 : Effet de la variation de la température de dégommage de séricine pour une durée de 1h. 53
Figure I.5 : Evolution du rapport $R_{280/220}$ en fonction de la température. 54
Figure I.6: Rendement d'extraction de séricine à 110°C pendant 1h en fonction du RBE. ... 55
Figure I.7 : Effet de la variation du paramètre temps d'extraction à 110°C avec un rapport de bain de 1/100. 56
Figure I.8 : Evolution de l'extraction de la séricine à 95°C en fonction du temps avec un rapport de bain 1/100. 57
Figure I.9: Chromatographie à couche mince. 59

Figure II.1 : Evolution de la concentration de la séricine en fonction du pH. 61
Figure II.2 : Spectres UV de l'absorbance de la séricine solubilisée dans des milieux fortement basiques. 61
Figure II.3 : Evolution de la concentration de la séricine en fonction de la température à pH=5 et pendant 15min. 62
Figure II.4 : Evolution de la concentration de la séricine en fonction du temps à pH=5 et à 95°C. 63
Figure II.5 : Structure chimique de la chaîne cellulosique du coton. 64
Figure II.6: Représentation d'un pontage disulfure (cystine). 65
Figure II.7 : Procédé d'application de la séricine. 67
Figure II.8 : Evolution du taux d'épuisement en fonction de la quantité de sulfate de sodium. 68
Figure II.9 : Evolution du taux d'épuisement en fonction du pH du bain à 95°C pendant 40min. 70
Figure II.10 : Représentation schématique des interactions possibles entre la laine et la séricine dans un milieu à pH 3,8. 71
Figure II.11 : Evolution du taux d'épuisement de la séricine à pH=3,8 en fonction de la durée du palier isotherme à 95°C. 72
Figure II.12 : Evolution du taux d'épuisement de la séricine à pH=3,8 en fonction de la durée du palier isotherme à 80°C. 73
Figure II.13 : Evolution de la masse de séricine fixée suite à une augmentation de la concentration. 74
Figure II.14 : Ionisation des molécules de la fibre de coton et celles de la séricine dans un milieu alcalin (pH=9). 76
Figure II.15 : Interactions entre la fibre de coton et la séricine dans un milieu alcalin. 76

Figure III.1 : Spectres d'absorbance des solutions de lavage à 95°C pendant 30min. 78

Figure III.2 : Détermination du taux de fixation après lavage à 95°C en fonction de la séricine fixée sur échantillon traité. 80
Figure III.3 : Poudre de séricine. 81
Figure III.4 : Evolution du gain d'absorption des échantillons en fonction de la concentration. 82
Figure III.5 : Scores de douceur des échantillons en laine traités à différentes concentrations. 84

Liste des tableaux

Tableau I.1 : Types et niveaux de chaque paramètre d'extraction 51
Tableau I.2 : Calcul du rendement de la séricine en fonction du RBE 55

Tableau II.1 : Effet de l'augmentation de la concentration de la séricine. 74

Tableau III.1 : Détermination du taux de fixation après lavage à 95°C. 79
Tableau III.2: Echantillons traités à différentes concentrations de séricine. 81
Tableau III.3 : Degré de l'effet antibactérien selon la zone d'inhibition : 85
Tableau III.4 : Evaluation de l'activité antibactérienne des échantillons traités à différents pH après 24h d'incubation. 86

Liste des équations

Équation I.1 : Fonction de la courbe d'étalonnage des concentrations 50
Équation I.2 : Rapport de bain d'extraction 55
Équation I.3 : Rapport frontal du soluté 58

Équation II.1 : Taux d'épuisement de la séricine sur échantillon 67
Équation II.2 : Calcul de la masse de séricine fixée sur échantillon 73
Équation II.3 : Calcul développé de la masse de séricine fixée sur échantillon 74

Équation III.1 : Taux de séricine fixée après lavage à 95°C 79
Équation III.2 : Masse de séricine non fixée après lavage à 95°C 79
Équation III.3 : Capacité d'absorption d'eau d'un échantillon traité 82
Équation III.4 : Gain d'absorption d'eau d'un échantillon traité 82

Introduction générale

L'industrie de finissage des textiles est sous la pression continue d'employer des procédés de finissage environnementaux et de trouver des méthodes de fabrication des vêtements plus concurrentielles sur le marché. En effet, les produits de finissage présents dans les eaux usagées constituent une pollution chimique dont leur traitement nécessite des installations et des techniques coûteuses. De plus, certains produits chimiques d'apprêtage risquent d'altérer la santé humaine. Prenant l'exemple des agents de réticulation à base de formaldéhyde, ces réticulants peuvent dégager du formaldéhyde libre dont la présence sur l'étoffe représente un risque pour le consommateur. A cet effet, les chercheurs tendent de plus en plus à profiter des matières biologiques comme agent de finissage de certaines matières textiles.

La fabrication de soie est l'un des secteurs industriels où la consommation intensive de l'eau est inévitable. En effet, une grande quantité de séricine doit être rejetée durant la préparation de la soie grège au niveau de bobinage et des autres stades du procédé de la soie. Actuellement, la séricine est principalement abandonnée comme étant un rejet d'eau de fabrication. Les statistiques faites en 2004 ont montré que la production universelle de cocon est environ un million de tonnes, poids frais, et c'est équivalent à 400 000 tonnes de cocon secs. Ainsi, le procédé de la soie grège produit à peu près 50 000 tonnes de séricine. Si cette protéine est recyclée, elle peut représenter un signifiant bénéfice économique et social.

D'ailleurs, la séricine s'est avérée utile comme matière biodégradable, matériel et polymères biomédicaux et membranes fonctionnelles. En plus, en raison de ces propriétés, la séricine peut être employée dans la modification des matières textiles, la nourriture, les produits cosmétiques et les produits pharmaceutiques. Donc, la séricine est considérée comme un nouveau genre de source de protéines valable. C'est dans ce cadre que s'inscrit notre travail qui consiste à appliquer la séricine sur des supports textiles.

Ce mémoire comprend deux parties :

La première partie a été consacrée à une étude bibliographique du cadre de ce travail. Dans un premier chapitre, nous avons donné un aperçu sur les domaines d'utilisation de la séricine. Puis, dans le deuxième chapitre, nous avons caractérisé la séricine de point de vu composition chimique et propriétés physico-chimiques. De plus, nous avons exposé les procédés d'extraction et de récupération de la séricine, ainsi que les techniques de dosage des protéines.

La deuxième partie porte sur une étude expérimentale détaillée dans laquelle les résultats obtenus le long de notre travail ont été discutés. En effet, cette partie est divisée en trois chapitres. Dans une première étape, nous avons réalisé une étude des paramètres d'extraction de la séricine afin de déterminer les conditions optimales pour un rendement maximal. Dans une deuxième étape, nous avons analysé et déterminé le comportement de la séricine vis-à-vis les paramètres du procédé de traitement (pH, température et temps). Puis, nous avons abordé l'application sur quelques supports textiles. Finalement, nous avons testé la durabilité du traitement au lavage et analysé les effets obtenus sur le support textile (nuance, absorption, toucher et effet antibactérien).

Dans la conclusion générale sont résumés les résultats relatifs à l'extraction, l'application, la solidité au lavage et les effets obtenus par la séricine et présentés également les perspectives ouvertes par ce travail.

Etude Bibliographique

> Cette partie décrit les utilisations de la séricine dans des domaines variables en mettant en évidence ces propriétés chimiques ainsi que les techniques d'extraction et de récupération.

CHAPITRE I : UTILISATIONS DE LA SERICINE

I.1. Introduction :

Dans l'intérêt d'utiliser des produits «Eco-freindly» qui respectent l'environnement, la séricine devient de plus en plus intégrée dans des produits à usage cosmétique, biomédicale, textile, alimentaire ou biodégradable. Dans cette première partie, nous avons donné un aperçu sur les différents domaines d'usage et sur les dernières innovations introduisant la séricine en s'intéressant surtout à sa valeur ajoutée.

I.2. Domaine cosmétique :

La séricine présente une forte affinité structurelle avec la kératine, qui est le principal constituant de la peau, en développant ensemble un complexe semblable à celui qui se trouve naturellement dans la fibre de soie. Donc, elle crée une couche protectrice comme la soie, qui laisse la peau souple et lui donne un effet lissant et anti-vieillissant. En effet, la séricine a été considérée en tant qu'un ingrédient valable pour des produits cosmétiques grâce à ses propriétés d'empêcher l'activité de tyrosinase, de plus, cette enzyme est responsable de la biosynthèse de la mélanine de peau [1].

En outre, la séricine peut être appliquée aux produits de soins capillaires, elle redonne élasticité et souplesse aux épidermes fatigués. Ses protéines liquéfiées pénètrent la structure des cheveux pour refermer leurs écailles, les lisser, leur donner du brillant, des reflets et de la vitalité. Les cheveux sont alors plus doux, faciles à démêler et à coiffer.

I.3. Industrie alimentaire :

Il a été constaté également que la séricine pourrait être un ingrédient valable pour la nourriture grâce à ces nombreuses propriétés physiques et biologiques. Elle a un effet fort inhibiteur sur l'activité de champignon de tyrosinase, puisqu'elle est un inhibiteur potentiel du brunissement enzymatique des fruits et des légumes [2]. Après 10 heures de traitement d'un échantillon avec la séricine, les résultats ont prouvé que l'activité enzymatique a été réduite de

23 % comparé à l'activité de l'échantillon témoin sans séricine, qui est de 8 %. Donc, la séricine pourrait empêcher l'activité de tyrosinase.

De plus, la séricine s'est avérée aussi utile pour la suppression de la peroxydation de lipide. *Kato et coll.* [2] ont mis en évidence l'activité d'anti-oxydation de la séricine. Ceci a montré que des faibles concentrations en séricine (3 %) pourraient complètement empêcher la peroxydation de lipides. Actuellement, la séricine est traitée par l'hydrolyse enzymatique, qui peut rapporter des peptides avec une meilleure anti-oxydation et autre propriétés fonctionnelles aussi bien que les propriétés bioactives.

I.4. Fibres fonctionnelles et tissus :

Les propriétés fonctionnelles de quelques fibres synthétiques peuvent être améliorées en les enduisant par des macromolécules naturelles telles que la chitine, le chitosan, la fibroïne et la séricine. Les fibres synthétiques de polyester ont des micropores de 0,001-10^{9}m de diamètre, ce qui permet la pénétration de la molécule de séricine dans ces micropores et réticuler. Ainsi, la séricine a été employée pour la modification de polyester, obtenue par réticulation avec de l'éther de polyglycidyle glyceryl et le diéthylène triamine [3].

Par exemple, *Mori K et coll.* [4] ont appliqué la séricine dans le finissage des étoffes synthétiques en poly(éthylène téréphthalate) (PET) et en polypropylène(PP). Après hydrolyse de la matière prétraitée par l'acide sulfurique, la séricine a été fixée par un agent réticulant, l'éthylène glycol diglycidyléther. Par conséquent, l'adsorption d'humidité et les propriétés antistatiques s'améliorent significativement et le toucher soyeux ne s'affecte pas. La fibre traitée par la séricine devient cinq fois plus hygroscopique que celle non traitée et plus que 85% d'hygroscopicité initiale reste jusqu'après 50 lavages. Les autres fibres synthétiques, telles que le polyamide (nylon 6.6) et la polyoléfine peuvent aussi être modifiées chimiquement par la séricine.

Yamada H et Nomura M [5] ont prouvé que les fibres enduites par la séricine peuvent empêcher des blessures abrasives de peau ainsi que le développement des éruptions. Dans cette étude, les fibres synthétiques et autres ont été enduites par la séricine en les immergeant dans 3% d'une solution aqueuse de séricine pendant un temps donné, puis les séchant dans 100°C pendant 3mn. Les étoffes fabriquées des fibres enduites de séricine ont été étudiées dans certains produits tels que les couches bébés, des recouvrements de couches-culottes, et les pansements.

Une fibre absorbante a été également préparée en attachant 0,1-5 % de séricine sur des surfaces des fibres thermoplastiques (rayonne) et des fibres cellulosiques (coton) *[6]*. Ces fibres enduites de séricine deviennent plus absorbantes et ne causent pas l'éruption de peau.

Miyake et coll. [7] ont utilisé aussi la séricine pour la modification des surfaces textiles des sous-vêtements en coton, qui ont été enduits par la séricine de grand poids moléculaires. Le procédé consiste à imprégner les sous-vêtements dans une solution de séricine de 3%, seulement 2% ont été fixé sur la surface des fibres de coton formant une couche mince. Plus de 60% de la séricine reste après 25 lavages, ce qui indique la durabilité de ce procédé. Cette méthode est un excellent procédé pour l'usage sûr au corps humain, puisque la modification a été obtenue sans l'intervention d'un autre agent ou traitement chimique.

Généralement, la séricine, formant un film, améliore les propriétés physiques et mécaniques des fibres cellulosiques. Plus que la concentration de séricine augmente dans la solution de finissage plus que la quantité de séricine enduite augmente. Avec l'augmentation du contenu de séricine, la résistivité électrique des échantillons diminue nettement et la rétention d'eau augmente, indiquant que les tissus traités par la séricine peuvent être confortables à la portée en raison de son entretien de l'équilibre d'humidité de la peau humaine.

En raison de développer de nouveaux biopolymères avec des propriétés améliorées et des fonctionnalités applicables dans divers champs industriels (textile, enduction, empaquetage, biomédical, etc.), *Anna Anghileri et coll. [8]* ont réalisé des études sur la production d'une protéine polysaccharide bioconjuguée. Le greffage de chitosan avec des peptides de séricine peut compléter les propriétés exceptionnelles du polysaccharide, telles que l'activité antimicrobienne, avec les nouvelles apportées par la séricine, telles que les effets antioxydant, UV-résistant, hydratant, et la solubilité.

Le caoutchouc peut être rendu plus biocompatible en le mélangeant avec la séricine. Un mélange de séricine hydrolysée, de poids moléculaire entre 5-50 kDa, et de caoutchouc donne un produit avec une irritation réduite à la peau que le caoutchouc natif. Ce caoutchouc modifié peut être transformé en certains articles tels que les gants, les poignées de guidon de bicyclette et les poignées de divers équipements sportifs. La séricine en poudre, avec des particules plus petites que 20 m de diamètre, peut être mélangée avec un caoutchouc composé, tels que le caoutchouc de butadiène ou d'oléfine, et un thermoplastique, tels que la résine d'acétate de vinyle. Ce mélange peut être transformé en un produit de cuir artificiel *[9]*.

Joao Cortez et coll. [10] ont essayé de greffer la séricine dans les fibres de laine par les Tranglutaminases microbiens (mTGase), qui sont une famille d'enzymes ayant la capacité d'incorporer les amines primaires et de greffer des peptides, contenant des résidus de glutamine ou de lysine, dans des protéines. Les analyses ont démontré que les changements thermiques trouvés pour la laine traitée sont à cause des interactions entre les protéines de séricine et celles de laine. Ceci montre que les protéines de séricine se sont liées à la cuticule de laine, et également le cortex a été souillé en augmentant la durée d'incubation. De plus, les protéines greffées de séricine agissent en tant qu'une protéine stabilisant la matrice de laine. Elles ont augmenté la résistance des tricots de laine traitées jusqu'à 23 %, réduit sensiblement leurs rétrécissement de feutrage de 13.8 à 4.5 % et amélioré leur douceur de 5 à 8 points par rapport à la laine non traitée.

I.5. Matières biodégradables :

Des polymères biodégradables favorables à l'environnement peuvent être produits en mélangeant la séricine avec d'autres résines *[11]*. La mousse de polyuréthane incorporant la séricine peut acquérir d'excellentes propriétés d'absorption et de désorption d'humidité *[12]*. Les films de polymères, les mousses, les moulants des résines et les fibres contenant de la séricine (0,01-50% p/p) ont été produits en réagissant sur la composition comprenant un polyol, le diisocyanate de toluène, le dibutyline dilaurate (catalyseur) et le trichloromonofluorométhane (agent gonflant) en présence de la séricine. Le taux d'humidité d'absorption et de désorption de la mousse de polyuréthane contenant de la séricine est deux fois plus élevé.

Hatakeyama H [13] a également produit du polyuréthane contenant la séricine avec d'excellentes propriétés mécaniques et thermiques. Le polyuréthane modifié contient des segments biodégradables de séricine et il est devenu par la suite biodégradable. Il peut être introduit dans des films, des fibres et des objets moulés. Il est peu coûteux puisqu'il contient une quantité significative de séricine.

Kabayama M [14] a rénové une résine synthétique de pierre ponce, préparée d'un mélange d'une solution aqueuse de séricine et d'une résine synthétique. Premièrement, une solution de polyol est formée en mélangeant un agent moussant, un agent formant la mousse, du polyol, un catalyseur, un ignifuge et une solution aqueuse de séricine ou de la séricine en poudre. Ce mélange est malaxé. Puis, une solution de polyisocyanate est mélangée avec la séricine malaxée pour débuter une réaction de polyaddition. La réaction dégage de la chaleur et le gaz libéré de la solution courante produit des cellules caractéristiques de la mousse. Eventuellement, le fluide de mousse se solidifie dans une structure tridimensionnelle d'une mousse d'uréthane rigide.

I.6. Membranes :

Les séparations par membranes de base, tels que les osmoses inverses [1], ultrafiltration et microfiltration sont largement répandues dans les processus tels que le dessalement [2] de l'eau, la production d'eau extrêmement pure, les industries de bio-traitement *[15]* et quelques processus chimiques. La séricine et la fibroïne peuvent être employées dans la fabrication des membranes utilisées dans des procédés de séparation. Par exemple, la membrane de fibroïne insolubilisée pourrait être utilisée pour enlever l'eau d'un mélange d'eau et d'alcool *[16]*.

La séricine pure n'est pas facilement fixée dans les membranes, alors qu'elle est aisément réticulée ou copolymérisée avec d'autres substances. Puisque la séricine contient une grande quantité d'acides aminés avec des groupes fonctionnels polaires neutres, les membranes contenant la séricine sont tout à fait hydrophiles. Les membranes composées de séricine sont permsélectives [3] de l'eau dans un mélange organique liquide. *Mizoguchi K et coll. [17]* ont décrit une couche mince de séricine réticulée pour être utilisée comme une membrane de séparation de l'eau et d'éthanol. La membrane de séricine a pu efficacement séparer l'alcool du mélange. Elle est réutilisable.

---

[1] Un système de purification de l'eau contenant des matières en solution par un système de filtrage très fin qui ne laisse passer que les molécules d'eau.
[2] Un processus qui permet de retirer le sel de l'eau salée pour la rendre potable.
[3] Elle se dit sur les membranes dont la perméabilité s'exerce de façon sélective vis-à-vis des ions.

Yamada H et coll. [18] ont aussi préparé une membrane de séricine. Cette membrane peut séparer les mélanges racémiques [4]. La membrane filtre a eu une structure réticulée tridimensionnelle obtenue par réticulation de séricine, un composé époxyde hydrosoluble et un agent réticulant. La solution de séricine, 10 % de séricine, a été mélangée à de l'éther diglycidyle, le diéthylènetrimine et de l'eau distillée. La membrane de séricine obtenue a été immergée dans un mélange de 0,1 % de glutaraldéhyde, 1% d'acide sulfurique et 20 % de sulfate de sodium pendant 24 h. La membrane réticulée résultante de filtre a pu résoudre les mélanges racémiques. Ces capacités ont été apparemment associées à la configuration chirale des résidus d'acides aminés dans la séricine.

Yoshikawa M [19] ont préparé un gel, produit en mélangeant l'agar ou l'agarose avec la séricine de 20 kDa poids moléculaires moyens, afin de séparer des mélanges d'éther et d'alcool. Le film d'agar/agarose-séricine est un voile de gel poreux qui absorbe l'eau. Le film contient de 0,1 à 60% de séricine et peut résister à des pressions de 10^{-3}- $2\ 10^{-1}$ N/m². Ce film peut être employé pour séparer l'éther butyle-méthylique (MTBE) d'un mélange de MTBE et d'alcool.

I.7. Matières biologiques fonctionnelles :

Il est difficile de transformer la séricine pure en membranes suffisamment fortes et élastiques. Cependant, elle peut être façonnée en une couche mince attachée à une autre matrice. Il a été constaté que le film de séricine situé sur la configuration d'un cristal liquide peut uniformément orienter les molécules en cristal liquide pour fournir des affichages libre déformation à cristaux liquides de haute qualité *[20]*. En outre, ce film enduit de séricine a été employé sur des surfaces d'équipement de réfrigération en raison de son action anti-glaçante *[21]*. L'utilisation de ce film est une méthode anti-glaçante efficace qui peut être largement appliquée aux réfrigérateurs, les chambres de congélation et les camions et les bateaux frigorifiés. D'ailleurs, l'utilisation du film enduit sur les routes et les toits peut empêcher les endommages de glace et faciliter l'enlèvement des neiges.

Les filtres médias peuvent être traités avec un enduit antioxydant, par exemple le filtre de cigarette ayant le complexe antioxydant de thione, pour réduire la quantité de dommages de

---

[4] Un mélange équimolaire des deux énantiomères lévogyre et dextrogyre d'une molécule chirale.

radical libre encourus par un fumeur. Le radical libre est l'ensemble des espèces fortement réactives qui peuvent rigoureusement attaquer toutes les molécules biologiques induisant le lipide, l'ADN, et la protéine en lançant les radicaux libres environnementaux d'une réaction en chaîne de radical libre. Les filtres médias ont été enduits d'une couche antibactérienne et antifongique permettant au filtre d'être un incubateur potentiel des mycètes et des bactéries, qui sont aéroportés et se développeraient potentiellement sur le filtre. Grâce à ces activités antioxydantes et antibactériennes élevées, la séricine a été employée pour arrêter la réaction d'oxydation du radical libre et empêcher la croissance de micro-organismes causant de nombreuses maladies [22]. La séricine a été enduite sur des filtres en polyamide et en polyester.

Li X [23] a appliqué la séricine sur les surfaces de divers matériaux durables afin d'augmenter leur fonctionnalité. Elle peut être employée dans la préparation des colorants de peinture et dans la protection extérieure des articles. Les matériaux enduits de la séricine ont une excellente résistance aux intempéries, une bonne perméabilité et ils ne se déforment pas au séchage.

La séricine se mélange bien avec des polymères hydrosolubles, particulièrement avec de l'alcool polyvinylique (PVA). *Ishikawa H et coll.* [24] ont étudié la structure fine et les propriétés physiques des films mélangés de séricine et PVA. Les analyses thermiques, la diffraction de rayon-X et la microscopie électronique ont prouvé que la membrane formée, de 50 millimètres d'épaisseur, a eu une structure microphase séparée. La zone entre les deux phases est composée d'un complexe PVA-séricine. La membrane a une contrainte de rupture et une faible élongation à une température élevée. Le film de 10-30 % de séricine a acquis de bonnes propriétés thermiques et mécaniques.

Yoshii F et coll. [25] ont fabriqué un hydrogel mélangé de séricine et de PVA avec d'excellentes propriétés d'humidité d'absorption et désorption et d'élasticité. Cet hydrogel peut être employé pour cultiver des graines, comme conditionneur de sol, et dans les matériaux et les pansements médicaux. En outre, *Nakamura K et coll.* [26] ont rendu compte d'une membrane d'hydrogel réticulée de PVA/séricine produite en employant l'urée diméthylique comme agent réticulant. L'hydrogel polymérique est d'une haute teneur en humidité, haute résistance et une durabilité à l'usage comme film fonctionnel.

De plus, *Miyairi S et coll*. *[27]* ont produit un film réticulé de séricine avec du glutaraldéhyde comme agent réticulant pour l'immobilisation d'enzymes. La stabilité à la chaleur, la résistance d'électro-osmoses et la stabilité de -glucosidase immobilisé sur le film réticulé de séricine étaient plus hautes que pour l'enzyme libre. Cependant, l'activité de la préparation immobilisée était basse. Depuis lors, plusieurs autres auteurs ont utilisé le film réticulé de séricine pour l'immobilisation d'enzymes.

I.8. Matières biomédicales :

Tsubouchi K [28] a développé un pansement préparé d'un mélange de fibroïne et de séricine, celle ci pourrait accélérer la guérison et pourrait être enlevé sans endommager la peau nouvellement formée. Le film non cristallin de fibroïne-séricine est d'un degré de cristallisation de moins de 10%, d'une épaisseur de 10-130 m et d'une densit é de 1100-1400 kg/m^3. A la température ambiante, le dressage occlusif a eu une solubilité dans l'eau de 10% ou plus et une absorption d'eau de 100% ou plus.

Une membrane composée de séricine et de fibroïne est un substrat efficace pour la prolifération des cellules animales adhérentes et peut être employée comme un produit remplaçant le collagène. *Minoura N et coll* et *Tsukada M et coll*. *[29, 30]* ont fait des recherches sur l'attachement et la croissance des cellules animales sur des membranes préparées de séricine et de fibroïne. L'attachement et la croissance des cellules dépendaient du maintien d'un minimum de séricine d'environ 90% dans la membrane composée. Les films des composantes de protéines pures, c'est-à-dire la fibroïne et la séricine, ont permis l'attachement et la croissance des cellules comparables à celui sur le collagène, un substrat largement répandu pour la culture de mammifères.

La membrane préparée de séricine et de fibroïne possède une excellente perméabilité à l'oxygène et est semblable à la cornée humaine dans ses propriétés fonctionnelles *[31]*. Il est espéré que cette membrane sera utilisée pour former des cornées artificielles. Concernant la préparation de la membrane, la protéine est entièrement dissoute dans l'acide trifluoroacétique. Il se produit une substance colloïdale qui est versée en couche mince dans des moules puis solidifiée et lavée à plusieurs reprises avec de l'eau. Des méthodes semblables peuvent être utilisées pour produire des lentilles de contact, des vaisseaux sanguins artificiels hautement élastiques et d'autres prothèses.

Un nouveau polymère mucoadhésif a été préparé par polymérisation d'acide acrylique en présence de la séricine [32]. Le polymère résultant est un complexe de liaisons d'hydrogène de la séricine et de l'acide polyacrylique (PAA), ce qui montre la grande miscibilité de PAA avec la séricine. En outre, la protéine de séricine peut se polymériser avec le PAA en présence du persulfate de potassium comme initiateur. Le polymère composé peut absorber plus que 100 fois de son poids dans l'eau et jusqu'à 180 fois son poids d'humidité [33]. La capacité d'absorption d'eau peut augmenter en employant la séricine d'un poids moléculaire de 60 kDa.

Kazuhisa T et coll. [34] se sont concentrés sur la richesse de la séricine en acides aminés en ordre répétitif et son hydrolysat normal pour protéger les cellules et les protéines contre la congélation. De plus, le peptide dimère de séricine purifié est avéré efficace dans la protection de lactate déshydrogénase (LDH) contre la dénaturation provoquée par les cycles gel-dégel. Ces effets protecteurs contre l'effort de congélation en cellules et protéines ont été observés avec l'hydrolysat naturel de séricine, ceci indique que la séricine et les hydrolyses de séricines ont une activité cryoprotective importante et seront de valeur dans de nombreuses applications.

L'insuline injectée risque de perdre son activité dans un temps très court allant de 2 à 3 heures. *Yu-Zhang et coll.* [35] ont essayé de développer un modificateur indigène sûr et efficace pour la modification d'enzymes et de peptides. La technologie de bio-conjugation de séricine offre une stratégie prometteuse pour le perfectionnement de la valeur thérapeutique de l'insuline et d'autres peptides pharmacologiquement actifs. Ainsi, la prolongation de l'action de l'insuline est réalisée par bioconjugation de séricine. L'activité pharmacologique rallongée de Séricine-Insuline bioconjugué testée chez les souris durait environ 4 fois plus longtemps que celle de l'insuline indigène. En général, la bioconjugation de l'insuline avec la séricine a évidemment améliorée la stabilité physico-chimique et biologique des polypeptides.

I.9. Conclusion :

Les domaines d'utilisations de la séricine sont très nombreux et très variables que plusieurs questions viennent à l'esprit :

☞ Quelle est l'origine de cette matière ?

☞ Et quelle est sa composition chimique et ses propriétés qui lui donnent cette importance pour intervenir dans différents domaines?

La réponse à toutes ces interrogations a été détaillée dans le chapitre suivant.

CHAPITRE II: CARACTERISATION ET TRAITEMENT DE LA SERICINE

II.1. Généralités sur la soie :

Dans le domaine textile, la soie est considérée comme étant le seul fil continu et de grande longueur fournie par la nature.

La soie est une substance protéinique fibreuse sécrétée et filée par divers arthropodes notamment par les araignées, les staphylins, les mouches, les taons et par les chenilles de certains papillons tels que le Bombyx du mûrier appelé aussi ver à soie. Les fibres sécrétées par les vers à soie sont des soies cultivées [36]. Outre la vraie soie produite dans les élevages de chenilles du bombyx du mûrier, il existe plusieurs soies sauvages appartenant à d'autres espèces apparentées. La soie de Tussah, par exemple, provient d'une espèce qui se nourrit des feuilles du chêne.

Cette fibre textile, souple et brillante obtenue à partir du bombyx du mûrier, est obtenu en dévidant le cocon qui servait de couche entourant le ver à soie. La soie brute naturelle, appelée soie grège, comme la laine est d'origine protéinique. Elle englobe deux protéines :

+ **La fibroïne :** constitue la partie centrale du brin, elle est de couleur blanche.
+ **La séricine ou grès :** entoure le noyau et elle n'a aucune importance de point de vue textile. Cette matière gommeuse doit être éliminée lors de la préparation de la soie. Les soies sauvages ne renferment pas de grès, elles sont aussi moins belles et possèdent moins d'affinité pour les matières colorantes.

La soie est produite par les glandes séricigènes et extrudée par un orifice appelé filière, situé sous les pièces buccales.

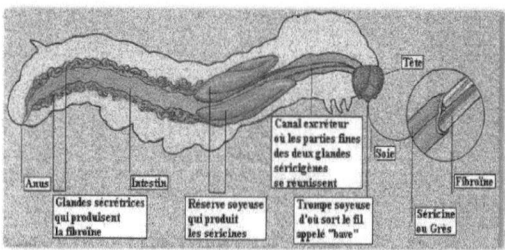

Figure II.1 : Coupe transversale d'un ver à soie.

Les cocons inutilisables en filature comme les cocons percés ou tachés, les fils cassés lors de la filature, les blazes dégagés sont réunis, lavés et partiellement dépouillés de leur séricine. Ces filaments courts sont ensuite cardés et peignés à la manière de la laine et convertis en filés de fibres. Les fibres les plus longues donneront la schappe, les plus courtes la bourrette [36].

Le doupion est un gros grège caractérisé par ses irrégularités de grosseur. Il provient du dévidage de cocons doubles, filés par deux vers à soie qui se sont enfermés dans le même cocon.

II.1.1. Sériciculture :

La sériciculture est l'élevage du ver à soie. Elle consiste en l'ensemble des opérations de culture du mûrier, d'élevage du ver à soie pour l'obtention du cocon, de dévidage du cocon, et de filature de la soie.

L'élevage des Bombyx mûri, appelé aussi « éducation », se fait dans des magnaneries qui sont des grands bâtiments renfermant de vastes et hautes pièces où sont installées de grandes tables à recevoir les vers qui sont des animaux fragiles craignant la chaleur, l'humidité et les courants d'air.

II.1.2. Bombyx du mûrier :

Le ver à soie est un papillon de la famille des Bombycidés dont la chenille produit un fil employé dans la fabrication de tissus. C'est un papillon nocturne d'un blanc grisâtre. On peut dire que le bombyx du mûrier est un animal totalement domestiqué puisqu'il ne peut pas vivre sans l'intervention de l'homme. Son système digestif est atrophié. Ce papillon ne peut pas voler car son corps est trop gros pour ses trop petites ailes. Sa durée de vie est courte, il meurt une semaine après l'accouplement. Mais la femelle a le temps de pondre 400 à 600 œufs.

Les vers à soie se nourrissent seulement des feuilles de mûrier qui est appelé aussi « arbre d'or » parce qu'il permettait de nourrir les vers à soie, source de richesse. La majeure partie des protéines de ces feuilles est transformée et emmagasinée en soie liquide dans le corps de la chenille.

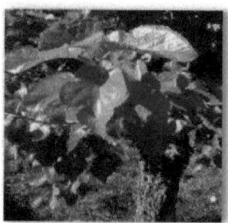

Figure II.2 : Feuilles de mûrier.

Les vers ont deux sortes d'ennemis: des animaux comme les oiseaux, les fourmis et les rats et aussi des maladies.

II.1.3. Structure et composition de la soie :

La soie est essentiellement constituée de deux matières protéiques : la fibroïne qui représente environ 69-78% de la fibre brute et la séricine qui est entre 20 et 30%. Le reste regroupe des matières grasses, minérales, et des traces d'eau.

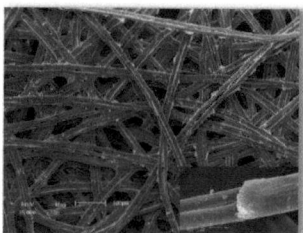

Figure II.3 : Microstructure d'un cocon par l'image SEM.

II.1.3.1. Fibroïne :

La fibroïne constitue la partie centrale du brin. C'est une protéine fibreuse dont la composition et la structure confèrent au fil de soie ses qualités. Elle est composée de chaînes polypeptidiques, *[36]* elles mêmes formées par l'union bout à bout de quelques 400 à 500 acides aminés diversement situées d'où une structure dite séquencée. La séquence répétitive d'acides aminés donne lieu à une structure fortement cohérente qui procure au fil de soie ses propriétés uniques. Ces chaînes polypeptidiques sont arrangées en feuillets Bêta plissés antiparallèles.

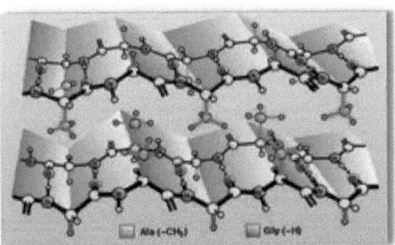

Figure II.4 : Feuillets Bêta antiparallèles.

La majorité des acides aminés sont d'Alanine (A) et de Glycine (G) ayant une petite chaîne latérale, ce qui permet un empilement compact des plans. Donc, les feuillets bêta sont maintenus entre eux par plusieurs liaisons hydrogènes pour former des cristallites bêta. En fait, on peut résumer la structure de la fibroïne à *[GSGAGA]$_n$* avec (S) est la Sérine. Cette structure ne donne guère d'élasticité à la soie, mais lui confère une grande résistance et une grande flexibilité due aux faibles interactions entre plans. L'élasticité de la soie est conférée par les domaines amorphes séparant les feuillets Bêta.

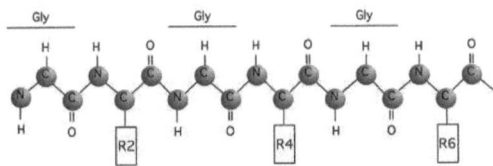

Figure II.5 : Structure de la fibroïne.

La distance entre deux couches successives dépend de la grandeur de la chaîne latérale: 0.35 nm pour le petit groupe latéral de glycine (-H) par rapport à 0.57 nm pour le groupe latéral plus grand d'alanine (-CH$_3$).

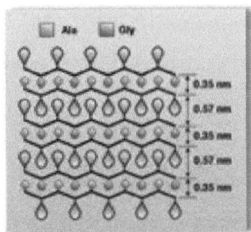

Figure II.6 : Distance entre deux feuillets Bêta.

La fibroïne n'apparaît pas complètement sous la forme d'un feuillet Bêta. En effet, elle comprend de plus une petite quantité d'acides aminés qui possèdent une chaîne latérale plus grande, tels que la valine, la tyrosine, la leucine, l'isoleucine, la phénylalanine et qui ne s'insèrent pas dans l'empilement. Ces acides aminés s'arrangent au hasard, constituant les domaines amorphes. Par conséquent, on trouve entre les domaines du feuillet Bêta des domaines compacts comprenant des acides aminés repliés. Ces domaines sont responsables de la souplesse et l'élasticité des fibres de soie.

II.1.3.2. Séricine :

C'est une matière protéinique gélatineuse qui colle la fibre de fibroïne avec des couches collantes successives (**Figure II.7**), et dont la fonction est de la protéger et de la nourrir, grâce à son pouvoir hygroscopique important. Elle constitue généralement 20 à 30% du poids total de la soie grège. Donc, la séricine est une protéine hydrosoluble collante, à la différence de la fibroïne qui est une fibre protéinique insoluble. Pendant le traitement de la soie, la majeure partie de séricine doit être enlevée.

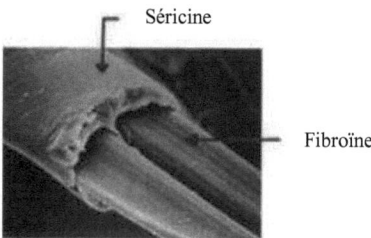

Figure II.7 : Microstructure de la soie grège.

Lors du processus de dégommage dans l'eau bouillante ou dans une solution alcaline, la séricine est facilement isolée du noyau intérieur, fibroïne, et dégradée en des peptides de séricine, s'étendant largement environ de 10 à 300 kDa[1] de poids moléculaires, selon la température, le pH et la durée du procédé de décreusage (appelé aussi dégommage).

---

[1] Unité de masse utilisée par les biochimistes, le dalton, qui est la masse d'un atome d'hydrogène, vaut $1{,}67 \times 10^{-24}$ g.

II.2. Caractérisation de la séricine :

La séricine est une protéine globulaire constituée par les mêmes acides aminés que la fibroïne avec des proportions différentes. Afin de la caractériser, nous l'avons défini en tant qu'une protéine puis déterminé ses propriétés et ses facteurs dénaturants.

II.2.1. Chimie des protéines :

Les protéines sont les molécules les plus complexes et les plus variées, elles sont formées par une succession de centaines d'acides aminés, liés les uns aux autres par des liaisons peptidiques. Généralement, les protéines sont classifiées en deux familles ; des protéines globulaires et des protéines fibrillaires.

Un acide aminé est une structure formée par un groupe d'atomes dans lequel nous distinguons une fonction amine (NH_2) et une fonction acide carboxylique (COOH) portées par le même carbone.

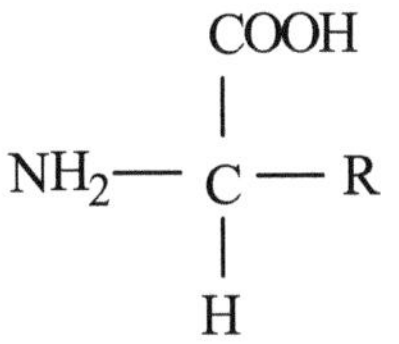

$$NH_2 - \underset{\underset{H}{|}}{\overset{\overset{COOH}{|}}{C}} - R$$

Figure II.8 : Structure générale d'un acide aminé.

Un peptide est un composé de deux acides aminés ou plus jointifs par des liaisons covalentes, appelées aussi peptidiques, qui surgissent par l'élimination de H_2O du groupe carboxylique d'un acide aminé et du groupe aminé de l'autre acide aminé.

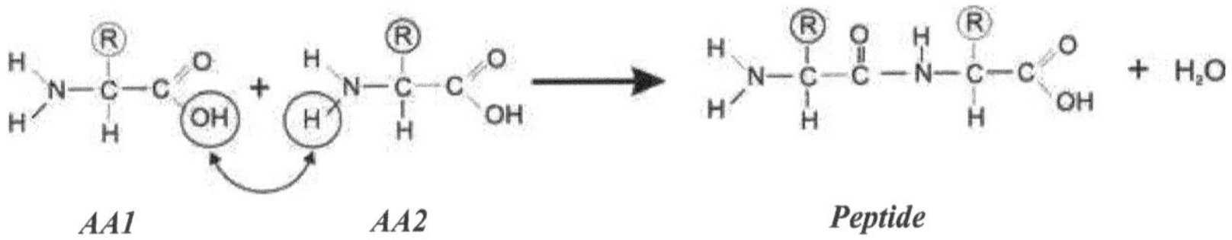

AA1   *AA2*   *Peptide*

Figure II.9 : Formation d'une liaison peptidique entre deux acides aminés.

L'union de plusieurs acides aminés forme un polypeptide. Les protéines sont donc des polypeptides. Dans le cas d'un enchaînement de moins d'une cinquantaine d'acides aminés, on parle ainsi des peptides.

La différence entre les acides aminés, dénombrés au nombre de vingt, se situe au niveau de leur radical (R) appelé aussi chaîne latérale. Les radicaux des acides aminés ont des propriétés chimiques différentes. Certains sont hydrophobes, d'autres hydrophiles, certains s'ionisent négativement et d'autres positivement. Certains radicaux peuvent former des liaisons chimiques plus ou moins fortes avec d'autres radicaux. Il peut donc y avoir dans une chaîne d'acides aminés des interactions entre les radicaux. Certains se repoussent et d'autres se rapprochent et forment des liaisons chimiques. La chaîne d'acides aminés aura donc tendance à se replier sur elle-même pour adopter une structure tridimensionnelle précise.

Les propriétés des acides aminés gouvernent la structure de la protéine *[Web.1]*, globulaire ou fibrillaire, que l'on peut décrire à différents niveaux :

- *Structure primaire :* c'est la séquence linéaire des acides aminés dans la protéine, formée par des liaisons covalentes.

- *Structure secondaire :* c'est la structure périodique apparaissant dans la chaîne polypeptidique dans l'espace (hélices , feuillets et tours   ou sans structure remarquable). Elle est caractérisée par des liaisons hydrogène intramoléculaires et des angles entre les plans des liaisons peptidiques.

- *Structure tertiaire :* c'est le repliement de la chaîne dans l'espace conduisant à une forme plus ou moins sphérique (protéine globulaire) ou à un empilement de plusieurs molécules de forme allongée (protéines fibreuses). Ce repliement est assuré par des liaisons électrostatiques, liaisons hydrogène et ioniques, des attractions hydrophobes, des forces de Van der Waals et des liaisons covalentes (exemple du pont disulfure —S—S—).

- *Structure quaternaire :* c'est l'association par des liaisons faibles entre des protéines de structures primaires identiques ou distinctes.

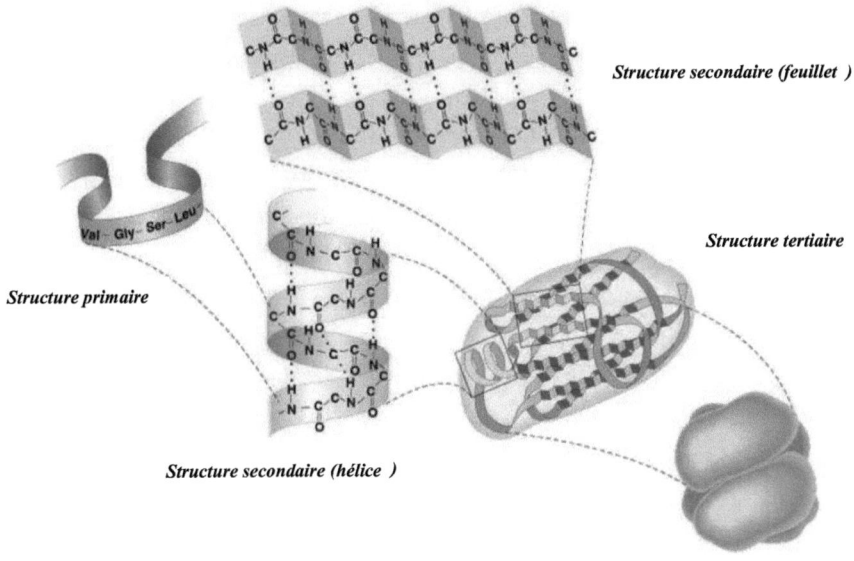

Figure II.10 : Schéma représentatif des structures des protéines.

II.2.2. Composition chimique de la séricine :

Evidemment la séricine est une matière protéinique, mais ceci n'implique pas qu'elle est composée à cent pour cent de protéines. Elle comprend des faibles quantités d'autres composants, considérées presque négligeables comparé au pourcentage occupé par les protéines.

Tableau II.1 : Composition chimique de la séricine [37].

Composition	Concentration (%)
Azote	4.65
Protéine	91.6
Glucose	0.93
Cendres	4.20

La séricine possède au moins deux fonctions à caractère acido-basique, elle a donc un caractère amphotère. Sa charge globale est en fonction du bilan des charges présentes sur chaque site acido-basique. Cette charge globale peut être positive, nulle ou négative en fonction du pH du milieu dans lequel se trouve la séricine. Le pH où la protéine est sous sa forme globalement neutre ($NH_3^+ \approx COO^-$) correspond au pH isoélectrique pHi de la protéine, qui est de l'ordre de 4,1 pour la séricine *[38]*. Lorsque le pH est inférieur au pHi, la charge majoritaire de la séricine est la charge positive ($NH_3^+ >> COO^-$). Lorsque le pH est supérieur au pHi, la charge majoritaire de la séricine est la charge négative ($NH_3^+ << COO^-$).

La séricine est composée de 18 AA, parmi lesquels, on trouve les AA non chargés polaires, apolaires et les AA chargés positivement et négativement. Plusieurs types de classement sont possibles puisque certains acides aminés peuvent entrer dans plusieurs catégories. Les structures des AA classifiés selon les propriétés chimiques de leur chaîne latérale sont représentées à l'*Annexe 2*.

Les AA polaires non chargés renferment l'oxygène, le soufre ou l'azote dans leurs chaînes latérales. La nature polaire des chaînes latérales signifie que ces AA agissent aisément dans l'eau c'est-à-dire ils sont hydrophiles.

La sérine occupe un pourcentage élevé *(27,3%)* et renferme des groupes hydroxyles polaires, ce qui la rend relativement liée aux propriétés fonctionnelles et physico-chimiques de la séricine. L'acide aspartique *(18,8%)* et la glycine *(10,7%)* sont aussi des acides aminés importants attribués aux fonctions de la séricine. De plus, le pourcentage des acides aminés hydrophiles, qui est de 70%, est parmi les origines de la bonne solubilité et absorption de la séricine.

Le **Tableau II.2** ci-dessous illustre le pourcentage des acides aminés selon leur caractère hydrophile.

Tableau II.2 : Pourcentage des acides aminés en fonction de leur caractère hydrophile.

Acides Aminés	*Pourcentage [%]*
Hydrophiles	70%
Hydrophobes	30%
Aromatiques	6.6%

II.2.3. Structure chimique de la séricine :

La structure primaire de la séricine a été présentée par *Se Jin Kim [39]* sous la forme suivante :

[Gly-Ser-Val-Ser-Ser-Thr-Gly-Ser-Ser-Thr-Asp-Ser-Ser-Thr]$_n$

Les groupes hydroxyles de la séricine sont d'un côté de l'épine dorsale de peptide, comme il est indiqué par la flèche dans la **Figure II.11**. Si la séricine et la fibroïne s'approchent, il y aura formation des liaisons hydrogène entre l'oxygène des groupements -C=O dans la fibroïne et les hydrogènes des groupements hydroxyles -OH et amines NH_2 de la séricine.

Fibroïne

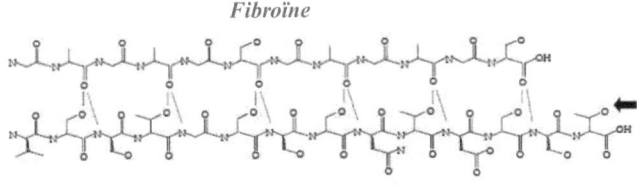

Séricine

Figure II.11 : Représentation schématique de la liaison intermoléculaire d'hydrogène entre la fibroïne et la séricine.

La structure secondaire de la séricine dépend des conditions de préparation, mais elle est en grande partie constituée d'une structure d'enroulement aléatoire et d'une faible quantité de la structure de feuillets β.

II.2.3.1. Liaisons de la structure tertiaire :

Le repliement de la chaîne polypeptidique dans l'espace est assuré par des liaisons hydrogènes, hydrophobes, électrostatiques et covalentes.

✓ *Liaisons hydrogène* : Ces liaisons se produisent entre les chaînes latérales de résidus d'acides aminés dans des boucles adjacentes de la chaîne ; par exemple la fonction hydroxyle d'une sérine dans un segment d'une chaîne polypeptidique peut former une liaison hydrogène avec un atome d'azote du noyau d'une histidine située dans une boucle adjacente de la même chaîne.

✓ *liaisons hydrophobes :* Les acides aminés dont les radicaux sont hydrophobes ont plus d'affinité entre eux qu'avec les molécules d'eau entourant la protéine. La chaîne a donc tendance à se replier de façon à les regrouper entre eux au centre de la molécule, sans contact direct avec l'eau. Inversement, les acides aminés hydrophiles ont tendance à se disposer à la périphérie de façon à être en contact avec l'eau.

✓ *Liaisons électrostatiques :* Les radicaux qui s'ionisent positivement forment des liaisons ioniques avec ceux qui s'ionisent négativement.

✓ *Liaisons covalentes :* Ces liaisons sont appelées aussi des ponts disulfures. La séricine n'en contient pas.

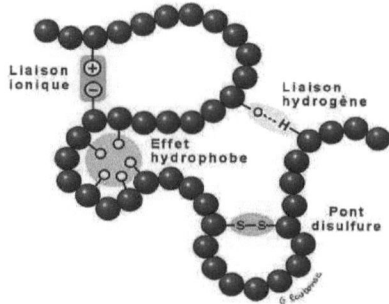

Figure II.12 : Liaisons entre chaînes latérales impliquées dans la structure tertiaire des protéines.

II.2.3.2. Dénaturation de la séricine :

La structure des protéines est très sensible aux traitements physico-chimiques. De nombreux procédés peuvent conduire à la dénaturation des protéines en affectant les structures secondaire, tertiaire et quaternaire. La dénaturation d'une protéine correspond à la destruction des liaisons qui maintiennent en place les niveaux des structures.

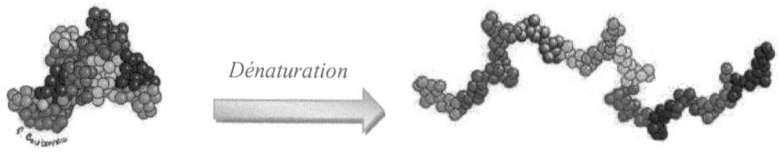

Protéine native *Protéine dénaturée*

Figure II.13 : Représentation schématique de la dénaturation d'une protéine.

Les facteurs pouvant induire une dénaturation sont :

- ✓ *La chaleur* : Une agitation thermique a pour effet de briser les faibles liaisons hydrogène reliant les radicaux de la chaîne.
- ✓ *Un pH extrême* : Un milieu trop acide ou trop alcalin modifie les équilibres des fonctions acido-basiques et perturbe fortement les liaisons salines.
- ✓ *Les fortes concentrations en sels* : Elles agissent suivant le principe du relargage par les sels.
- ✓ *L'urée* : Il facilite la pénétration de l'eau dans les protéines, ce qui perturbe les interactions hydrophobes et les liaisons hydrogènes.
- ✓ *Les dissolvants organiques* : Ils augmentent les forces d'attraction et facilitent ainsi le groupement des protéines entre elles.

Ces facteurs dénaturants rompent les ponts hydrogènes, les liaisons hydrophobes et les liaisons électrostatiques mais ils n'ont pas d'effets sur les liaisons peptidiques. Ainsi, ils sont capables de désorganiser la structure protéinique, exceptée la structure primaire et de détruire l'activité biologique. La dénaturation des protéines peut être réversible ou irréversible. L'expérience d'*ANFINSEN*[(2)] *[Web.1]* a montré qu'en absence de conditions dénaturantes, la structure primaire d'une protéine contient les informations nécessaires pour la mise en place de la structure tertiaire unique de la protéine.

Parmi les effets de la dénaturation, on peut citer :

- ✦ La modification de la solubilité liée à une exposition différente des unités peptidiques hydrophiles ou hydrophobes.
- ✦ La modification du pouvoir de rétention d'eau.
- ✦ La perte d'activité biologique.
- ✦ L'augmentation du risque de dégradation chimique à cause de l'exposition des liaisons peptidiques moins stables.
- ✦ La modification de la viscosité des solutions.
- ✦ La modification ou perte des propriétés de cristallisation.

[(2)] C'est un biochimiste américain qui a démontré que les protéines pouvaient revenir à leur conformation initiale après dénaturation tout en préservant leur activité enzymatique.

II.2.3.3. Action des dissolvants organiques sur la structure secondaire :

La séricine tend à devenir moins soluble quand elle est mélangée avec des dissolvants organiques tels que le méthanol, l'éthanol et l'iso-propanol, qui sont moins polaire que l'eau, *[40]*. Généralement, le traitement thermique de la séricine, particulièrement en présence des dissolvants organiques, affecte la conformation des chaînes polypeptidiques de la séricine.

Dans le **Tableau II.3** suivant, une comparaison des conformations en pourcent entre deux poudres de séricines obtenues différemment, la première a été tout simplement séchée et la deuxième a été traitée par l'éthanol.

Tableau II.3 : Comparaison de la conformation entre deux poudres de séricine *[37]*.

Conformation	Poudre séchée	Poudre traitée
Enroulement aléatoire	56.8	55.4
Feuillets β	43.2	27.6
Tours-β	0	17

L'apparition de la conformation Tours-β dans les protéines de séricine traitées avec l'éthanol prouve les changements dans leur structure moléculaire. Quand les protéines globulaires se plient étroitement dans la forme compacte, souvent leur chaînes polypeptidiques renversent la direction et forment ainsi les Tours-β *[40]*. Il a été assumé que l'apparition de la conformation Tours-β est liée à l'enduction de la chaîne moléculaire par l'éthanol.

Figure II.14 : Images (SEM) présentant l'action des dissolvants organiques sur la séricine.
(a) avant et *(b)* après traitement *[40]*.

II.2.4. Hétérogénéité de la séricine :

La séricine ne représente pas une seule substance protéinique, mais elle est constituée principalement de trois polypeptides qui sont distribués entre les parties antérieure, de milieu et postérieure de la séricine et qui désignent respectivement les séricines A, M et P. Ces fractions se diffèrent par leurs solubilités dans l'eau et les solutions alcalines :

- **Séricine A** *(Ser A)* est la plus soluble. L'eau chaude à pH 8 la dissous facilement.
- **Séricine M** *(Ser M)* est soluble dans l'eau bouillante. C'est un bon émulsifiant des graisses et des cires.
- **Séricine P** *(SerP)* est la couche la plus interne entourant la fibre de soie. Elle est très insoluble dans les solvants usuels et reste probablement à l'état de traces sur la soie décreusée.

Le fractionnement des séricines A, M et P selon leur poids moléculaire est effectué en variant le pourcentage d'éthanol. La séricine extraite est précipitée par l'éthanol puis elle est dissoute dans une solution aqueuse saturée de Thiocyanate de Lithium (LiSCN) afin de s'assurer de la purification des séricines [41]. Le **Tableau II.4** ci-dessous et le **Tableau III** à l'*Annexe 3* illustrent respectivement l'intervalle de précipitation des séricines distinctes et leur composition en acides aminées.

Tableau II.4 : Précipitation des séricines par l'éthanol *[41]*.

Séricines	Ser A (250 kDa)	Ser M (400 kDa)	Ser P (150 kDa)
Ethanol (%)	65 %	67-71 %	72-75 %

Le poids moléculaire final d'une molécule de séricine extraite par l'eau à haute température est généralement entre 30 et 110 kDa, qui est très faible par rapport au poids moléculaire original dans une glande de vers à soie (10-300 kDa) *[42]*.

II.2.5. Propriétés physico-chimiques:

La séricine possède plusieurs propriétés extraordinaires, elle est caractérisée par ses activités biologiques telles que l'anti-oxydation, l'inhibition d'activités de tyrosinase, elle peut aussi résister aux rayonnements UV et aux activités bactériennes. Elle peut également absorber et dégager l'humidité facilement grâce aux acides aminés hydrophiles. De plus, elle est caractérisée par ces fonctions pharmacologiques telles que l'anti-coagulation, des activités anticancéreuses, la cyroprotection et la promotion de digestion. Alors qu'elle est la plupart des temps jetés sous forme d'eau usagée de dégommage avec un niveau élevé de DCO (Demande Chimique en Oxygène), par exemple il a été évalué par 8870 mg/L en 2007 à Thaïlande [43].

Généralement, l'usage de la séricine dépend de son poids moléculaire. Les peptides de séricine de faible poids moléculaires, inférieur à 60kDa, sont solubles en eau froide et peuvent être récupérées aux premières parties du traitement de la soie. Ces peptides peuvent être utilisés dans la cosmétique comprenant les produits de soin de peau et des cheveux et les produits de santé [44].

Les peptides de grand poids moléculaire, supérieur à 60kDa, sont faiblement soluble dans l'eau froide mais soluble en eau bouillante et peuvent être obtenue aux étapes postérieures de traitement de la soie ou lors de dégommage. En raison de ses propriétés, la séricine est particulièrement utile pour améliorer les matériaux polymériques tels que le polyester, polyamide, polyoléfine et polyacrylonitrile [44]. Elle peut être appliquée également aux matières biologiques dégradables, aux matériaux biomédicaux, aux matériaux fonctionnels de biomembranes, aux fibres et tissus fonctionnels.

II.3. Extraction et récupération de la séricine :

II.3.1. Extraction de la séricine :

L'extraction de la séricine, appelée aussi dégommage ou décreusage, représente la première étape dans l'apprêt de la soie. Elle est accomplie habituellement par une des méthodes suivantes : extraction par de l'eau à la température d'ébullition, extraction par de l'eau à température élevée et sous pression, extraction par une solution alcaline, extraction par un détergent synthétique, extraction par de l'acide et finalement par des enzymes.

II.3.1.1. Extraction par de l'eau à la température d'ébullition :

C'est la méthode d'extraction la plus facile pour obtenir la solution de séricine. Les coquilles du bombyx Mori sont coupées en morceaux de 1 cm^2 ou complètement lavées avec de l'eau et puis bouillies avec de l'eau à 95-100°C pendant une période donnée. Pour éliminer la fibroïne, la solution est filtrée par les non-tissés ou des filtres en microfibre de verre.

II.3.1.2. Extraction par de l'eau à température élevée sous pression :

La séricine ne peut pas être dissoute dans l'eau à la température ambiante, mais elle est fortement susceptible de se dissoudre en eau bouillante. Pour cette raison, il y a un risque que la fibroïne sera endommagée quand le traitement est suffisamment long. Dans l'industrie de soie, des autoclaves, généralement à 120°C et 2 atmosphères pendant 1-2 h, sont normalement utilisés pour traiter la fibre.

II.3.1.3. Extraction par des solutions alcalines :

Le savon de Marseille est un savon exceptionnel pour l'extraction de séricine. Ce processus, par exemple, peut être suivi en utilisant de 10-20 g/L de savon à 92-98°C pendant 2-4 h à un pH de 10.2- 10.5. Généralement, l'alcali cause l'hydrolyse des chaînes polypeptidiques dans les fibres. En outre, l'hydrolyse par l'alcali peut attaquer facilement l'extrémité d'une chaîne de peptide. En raison de la nature sensible de la fibroïne elle-même et leur similitude chimique, ce processus tend à attaquer la séricine et la fibroïne à températures élevées. D'ailleurs, la condition la plus importante pour ce processus est que l'eau douce devrait être employée pour éviter la formation du savon calcique. De nos jours, la solution de savon est remplacée par les détergents synthétiques afin de réduire la période d'extraction et les endommagements de la fibre.

II.3.1.4. Extraction par les détergents synthétiques :

Le détergent synthétique a été employé pour réduire au minimum les dégâts de fibre et réduire la période du traitement, par exemple 30-40 min à 98°C, comparée au savon. Le détergent synthétique non ionique peut réduire l'impact sur la résistance à la traction de la fibre lors du processus de dégommage de la séricine. Normalement, le dégommage efficace peut être réalisé en utilisant le détergent synthétique non ionique de 2.5 g/L à pH 11.5 pendant 30 min. Le problème de ce processus est relativement la haute température durable et le pH élevé. Par conséquence, la température, la période du traitement et la quantité de détergent devraient être correctement commandées pour éviter l'endommagement de la fibroïne.

II.3.1.5. Extraction par les acides :

Quelques acides, tels que les acides sulfuriques, chlorhydriques, tartriques et citriques, peuvent être employés comme agents de dégommage. Puisque les solutions alcalines dégradent la fibroïne plus que les solutions acides, ce processus n'a pas suscité beaucoup d'intérêt dans l'industrie de soie. Les acides minéraux forts, tels que les acides sulfuriques et chlorhydriques, ne peuvent pas être employés pour réaliser le dégommage complet sans endommager la fibroïne.

II.3.1.6. Extraction par les enzymes :

Les enzymes apparaissent en cellules vivantes, catalysant une réaction chimique spécifique comme biocatalyseurs. Ils peuvent être employés à la pression atmosphérique et dans des conditions modérées, par exemple à 40°C et pH égal à 8. Les différentes enzymes peuvent causer des réactions d'hydrolyse, de réduction, d'oxydation, de coagulation et de décomposition. Les enzymes hydrolytiques sont généralement employées dans l'industrie textile, tels que la cellulase, trypsine et papaïne.

Parmi ces divers processus de dégommage, les savons et les détergents synthétiques sont employés pour le dégommage sur une échelle industrielle. Ces méthodes sont efficaces pour le traitement de soie, mais il est difficile d'obtenir de la séricine de haute qualité. Le traitement à l'eau à plus de 90°C semble être l'une des meilleures manières d'extraire la séricine avec des poids moléculaires variant entre 20 et 300 kDa. En utilisant la méthode de traitement à l'eau, il n'y a aucun besoin d'enlever les produits chimiques et de traiter les eaux résiduaires produites.

En raison de son avantage économique, l'extraction de séricine avec de l'eau à température élevée est largement répandue de nos jours.

Tableau II.5 : Rendement de la séricine dégommée par différentes méthodes *[39]*.

Méthodes d'extraction	Rendement
Eau à 95-100°C	22.5 %
Acide (HCl 6N à 110°C)	23.18 %
Enzyme (Protéase)	19 %

II.3.2. Techniques de récupération de la séricine:

La séricine peut être récupérée de la solution de dégommage par divers procédés [43], soit par séchage, par ultrafiltration, par relargage ou par hydrolyse enzymatique.

II.3.2.1. Récupération de la séricine par séchage :

C'est la méthode la plus simple, elle consiste à séparer les protéines de séricine directement de l'eau de dégommage par séchage. L'eau usagée peut être séchée par lyophilisation ou par un plateau de séchage, et nous obtenons ainsi la poudre de séricine.

La lyophilisation, ou séchage à froid, est un procédé qui permet de retirer l'eau, ou tout autre solvant, contenu dans un produit liquide, pâteux ou solide, afin de le rendre stable à la température ambiante et ainsi faciliter sa conservation. Cette technique comporte généralement trois étapes : la congélation, la sublimation primaire et la sublimation secondaire :

- La première étape consiste à congeler le produit pour que l'eau qu'il contient soit transformée en glace. La température doit rester plus basse que -20 °C tout au long du processus de lyophilisation.

- La deuxième étape permet la sublimation de la glace. La sublimation est un principe physique simple. C'est le passage d'une substance directement de l'état solide à l'état gazeux. Le produit est donc desséché en le mettant sous vide ; la glace devient de la vapeur et elle est récupérée.

- La dernière étape débute lorsque toute la glace est sublimée. Le produit est alors séché. La température s'augmente spontanément une fois que toute l'eau a été sublimée. Une température variant entre 20 et 70 °C pendant deux à six heures permet d'amener une humidité résiduelle entre 2 et 8 %.

Le type de produit et son contenant conditionnent énormément le processus de lyophilisation et par la suite, la structure de la machine qui réalise l'opération.

II.3.2.2. Récupération de la séricine par ultrafiltration :

L'ultrafiltration est une technique de séparation non dénaturante des macromolécules en suspension dans un liquide. En effet, les membranes utilisées sont à pores très petits jouant le rôle de tamis moléculaire afin de récupérer les protéines. L'ultrafiltration de l'eau usagée de dégommage avec une membrane d'une gamme de poids moléculaires entre 20-80 kDa permet le rétablissement de 94% de séricine avec des poids moléculaires entre 2427 et 9863 Da. Puis, la solution obtenue sera lyophilisée *[43]*.

II.3.2.3. Récupération de la séricine par hydrolyse enzymatique :

La séricine sèche est soumise à l'hydrolyse enzymatique pendant une période pour obtenir les peptides ou l'hydrolysat de séricine à chaînes courtes. Les paramètres d'hydrolyse sont le pH, la température, le temps de réaction et la concentration en enzymes. La séricine séparée par cette méthode est de poids moléculaire entre 1046 et 2795 Da. Ainsi, la séricine hydrolysée est convenable aux applications cosmétiques.

II.3.2.4. Récupération de la séricine par relargage :

Le relargage est une technique qui consiste à séparer une substance en solution, les protéines, de son solvant en introduisant une autre substance plus soluble qui prend sa place. A ce sujet, plusieurs méthodes ont été proposées parmi lesquelles le relargage par l'éthanol. Plus le pourcentage d'éthanol dans la solution de séricine est élevé plus le rendement de récupération augmente.

II.3.3. Rendement d'extraction :

Le rendement d'extraction de séricine est calculé selon l'**Equation II.1** suivante :

$$R_{Extraction} = (M_{séricine}/M_{cocons}) \times 100 \qquad \textbf{Équation II.1}$$

Avec $R_{Extraction}$ correspond au rendement d'extraction, $M_{séricine}$ correspond à la masse de la poudre de séricine et M_{cocons} se rapporte à la masse des cocons lavés.

Le **Tableau II.6** ci-dessous comprend des valeurs comparatives entre les différentes techniques de récupération de séricine et celles de la séricine commerciale.

Tableau II.6 : Composition chimique des poudres de séricine récupérées [43,45].

Composition	Plateau de séchage	Ultrafiltration	Hydrolyse Enzymatique	Relargage	Séricine commerciale
Azote (%)	12.18	14.75	14.89	14.65	13.00
Protéine(%)	76.10	92.19	93.06	91.6	81.25
Cendres(%)	36.89	5.84	5.42	4.20	3.00
pH	9.60	7.85	7.74	-	-
R (%)	93	95	91.3	63.6	-

La meilleure qualité de séricine, de point de vu pourcentage de protéines, avec un rendement plus élevé de récupération est obtenue à partir de la méthode d'ultrafiltration. Alors que, la séricine récupérée par séchage ou directement par lyophilisation contient un pourcentage élevé des cendres. Par la suite, l'ultrafiltration pourrait réellement améliorer la qualité et le rendement de la séricine.

II.4. Méthodes de dosage des proteines :

De nombreuses méthodes ont été mises au point pour le dosage des protéines. Ce sont généralement des méthodes spectrophotométriques basées sur diverses caractéristiques spectrales ou réactionnelles des acides aminés constituant les protéines.

II.4.1. Méthode d'absorption à l'UV (280 nm) :

Les AA absorbent tous la lumière UV au voisinage de 220 nm [Web.2]. L'étude des spectres d'absorbance des différents acides aminés révèle que les trois AA aromatiques (Try, Phe, Tyr) ont une deuxième bande d'absorbance à une longueur d'onde plus élevée au voisinage de 280 nm. Comme toutes les protéines possèdent des résidus aromatiques, cette propriété d'absorbance à 280 nm est mise à profit pour détecter simplement, par mesure spectrophotométrique, la présence de protéines dans un liquide donné. On peut donc déterminer assez précisément la concentration de ces protéines en appliquant la relation fondamentale de la *Loi de Beer-Lambert* utilisée en spectrophotométrie :

$$A = \log(I_0/I) = \varepsilon lc \qquad \text{Équation II.2}$$

Avec I_0/I est la transmission de la solution, A est l'absorbance à une longueur d'onde , est le coefficient d'extinction molaire (L.mol^{-1}.cm^{-1}), l est l'épaisseur de la cuve utilisée (cm) et c est la concentration molaire de la solution (mol.L^{-1}).

II.4.2. Méthode du biuret :

Cette méthode a été développée par *Gornall et coll. (1949)* qui ont appliqué la réaction du biuret pour obtenir une méthode quantitative de dosage des protéines *[Web.3]*. Cette réaction du biuret consiste dans la formation d'un complexe pourpre entre le biuret (NH_2-CO-NH-CO-NH_2) et deux liens peptidiques consécutifs en présence de cuivre en milieu alcalin. Le complexe de coordination résultant absorbe fortement dans le bleu.

Cette méthode est peu sensible et relativement rapide. Sa principale qualité est d'avoir une absorption égale pour toutes les protéines. Le défaut de cette méthode est sa sensibilité à certains interférents comme les peptides, le saccharose, le glycérol…

II.4.3. Méthode de Lowry :

Cette méthode a été développée par *Lowry et coll. (1951) [Web.4]* qui ont combiné une réaction au biuret et une réaction au réactif de Folin-Ciocalteu. Ce dernier, à base de phosphomolybdate et de phosphotungstate, réagit avec les tyrosines et les tryptophanes, pour donner une coloration bleue qui s'ajoute à celle du biuret. La grande sensibilité de la méthode de Lowry est sa principale qualité. Elle peut atteindre 5-10 µg de protéines.

II.4.4. Méthode du bleu de Coomassie :

Bradford et coll (1976) ont développée une méthode basée sur l'adsorption du colorant bleu de Coomassie *[Web.5]*. En milieu acide ce colorant s'adsorbe par les protéines et cette complexation provoque un transfert de sa bande d'absorbance qui passe du rouge au bleu. C'est une méthode très sensible (2-5 µg de protéines) et très rapide. Elle est aussi assez résistante à la plupart des interférents qui nuisent à la plupart des autres méthodes. Son principal défaut est sa réactivité très différente face à diverses protéines.

II.4.5. Acide bicinchonique :

L'acide bicinchonique (BCA) réagit avec les complexes de Cu^{2+} et de protéines de façon très similaire à la réaction du biuret. En formant de tels complexes, il prend une couleur pourpre typique. C'est une méthode sensible et rapide qui résiste aux détergents.

II.4.6. Méthode de Kejdahl :

Cette méthode consiste à mesurer la quantité d'azote organique d'un échantillon. Il faut évidemment savoir, pour l'échantillon analysé, quelle est la relation entre la quantité d'azote et celle de protéines. Elle requiert un équipement coûteux et complexe. Elle n'est appliquée qu'à des échantillons difficiles à homogénéiser.

II.5. Conclusion :

Ces dernières années, la gamme des usages possibles de la séricine a considérablement augmenté dans les différents domaines (cosmétique, biomédicale...) grâce à sa richesse en protéines et ses propriétés physico-chimiques très variables en termes d'absorption d'eau, d'humidité, propriétés antistatiques, douceur et confort ; mais, peu nombreux sont leur utilisation dans le domaine textile. Même, nous pouvons suggérer qu'elles ont été limitées dans le cadre des travaux de recherche et elles n'ont pas encore parvenu le stade de l'application industrielle.

Au cours de notre travail, nous avons essayé de profiter des propriétés physico-chimiques très variables de la séricine en l'utilisant comme agent de finissage afin de prévoir ses modifications sur les propriétés des fibres textiles.

Etude Expérimentale

Au cours de notre étude expérimentale, nous avons suivi la démarche suivante :

- Au début, nous avons déterminé les paramètres d'extraction de la séricine (température, temps et rapport de bain).
- Puis, nous avons analysé le comportement de la poudre de séricine vis-à-vis du pH, la température et le temps.
- Ensuite, nous avons étudié l'application de la séricine sur la laine et le coton afin d'aboutir à un taux de fixation maximal.
- Nous avons analysé la solidité du traitement afin de déterminer sa durabilité.
- Enfin, nous avons analysé quelques effets obtenus par la séricine (capacité d'adsorption, toucher et effet antibactérien).

CHAPITRE I : VERIFICATION ET EXTRACTION DE LA SERICINE

I.1. Introduction :

Dans ce sujet plusieurs méthodes se présentent (chapitre II) dont deux sont les plus utilisées dans le cadre des travaux de recherche, ce sont l'extraction avec de l'eau à la température d'ébullition ou à haute température sous pression. En effet, ces deux dernières évitent l'intervention d'autres produits chimiques dans la solution aqueuse de séricine. L'efficacité de ces deux méthodes, de point de vue rendement de séricine extraite, dépend des conditions du procédé de dégommage (température, temps et rapport de bain).

I.2. Vérification de la séricine par spectrophotométrie UV:

Un premier test de vérification de la séricine dans la solution de dégommage a été réalisé au moyen du spectrophotomètre UV-VIS. D'après la **Figure I.1** ci-dessous, nous distinguons deux bandes d'absorbance, la première à 280 nm et la deuxième à 220 nm.

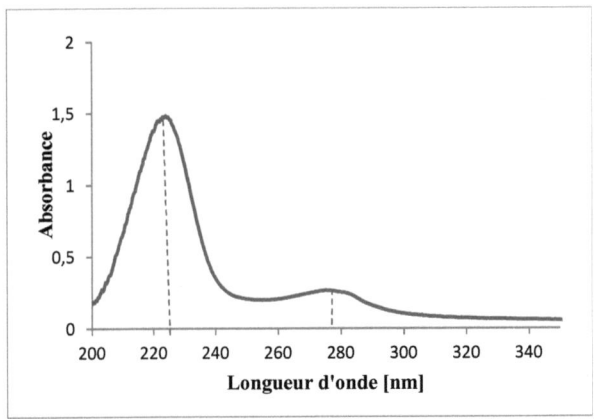

Figure I.1 : Test de vérification de la séricine extraite à 95°C pendant 3h.

Rappelons-nous la structure chimique de la séricine, cette matière protéinique est composée de 18 acides aminés qui absorbent la lumière UV au voisinage de la longueur d'onde $_1$=220 nm. Les acides aminés aromatiques (Tyr, Try et Phe) absorbent la lumière UV au voisinage de λ_2=280 nm. Puisque le spectre ci-dessus représente les deux bandes caractéristiques des protéines, nous pouvons suggérer la présence de la séricine.

I.3. Détermination des paramètres d'extraction de la séricine :

Dans cette partie, nous nous sommes intéressés à la détermination des paramètres d'extraction optimaux permettant d'obtenir un rendement optimal de séricine. Pour cette raison, nous avons varié la température, la durée et le rapport de bain d'extraction (quantité de cocon/volume d'eau).

Comme nous avons signalé auparavant, le rendement d'extraction $R_{Extraction}$ est défini comme suit :

$$R_{Extraction} = (M_{séricine}/M_{cocons}) \times 100$$

La courbe d'étalonnage des concentrations est illustrée dans l'*Annexe 3*. Ainsi, le rapport entre l'absorbance de la lumière UV à la longueur d'onde λ_2=280nm (A_{280}) et la concentration de séricine *(C)* a été déterminé par l'**Equation I.1** suivante :

$$A_{280} = 0{,}9466 \times C \qquad \text{Équation I.1}$$

I.3.1. Application d'un plan d'expériences :

La méthode des plans d'expériences consiste à analyser les effets produits par plusieurs variables sur une variable de résultats. Elle permet la réduction du nombre d'essais notamment en cas d'un problème complexe avec de nombreux variables.

L'objectif de notre étude est la détermination des paramètres d'extraction (température, rapport de bain et temps). Pour cette raison, nous avons élaboré un plan factoriel afin d'examiner la relation entre ces trois facteurs. Les paramètres ainsi que leurs niveaux sont indiqués dans le **Tableau I.1** suivant :

Tableau I.1 : Types et niveaux de chaque paramètre d'extraction :

Paramètres	Niveaux des paramètres	
	Min	Max
Température [°C]	60	110
RBE [g/mL]	1/100	1/50
Temps [min]	60	180

Dans le cadre d'une analyse préliminaire, nous avons fixé pour chaque facteur deux valeurs une minimale et une autre maximale. Notre plan d'expériences, comprenant ainsi 8 essais (2^3), a été élaboré à l'aide du logiciel d'analyse statistique **MINITAB**. Les combinaisons des niveaux des paramètres et les rendements correspondant à chaque combinaison ont été représentés dans l'*Annexe 3*.

Au début, nous avons utilisé le diagramme de Pareto pour déterminer les paramètres les plus influents sur le rendement d'extraction. Puis, nous avons tracé le diagramme des effets principaux afin de prévoir l'influence de chaque facteur.

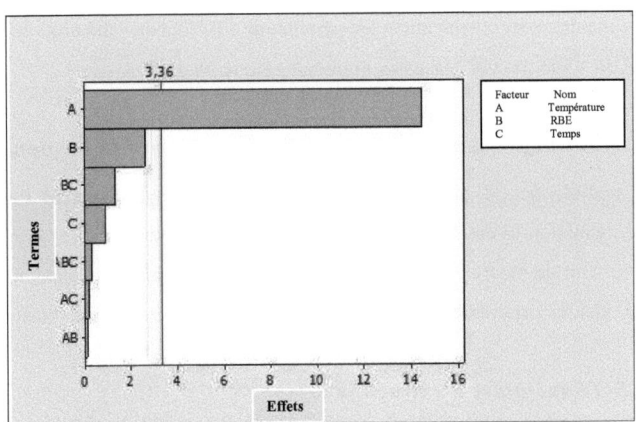

Figure I.2 : Diagramme de Pareto des effets principaux.

D'après le diagramme de Pareto, nous remarquons que la température est le facteur le plus influent sur le rendement d'extraction. Les autres effets ne sont pas significatifs puisqu'ils n'ont pas dépassés la ligne de référence, de même pour les interactions entre les différents facteurs. Pour mieux visualiser l'influence de chaque paramètre sur le rendement, nous avons tracé le diagramme des effets principaux **(Figure I.3)**.

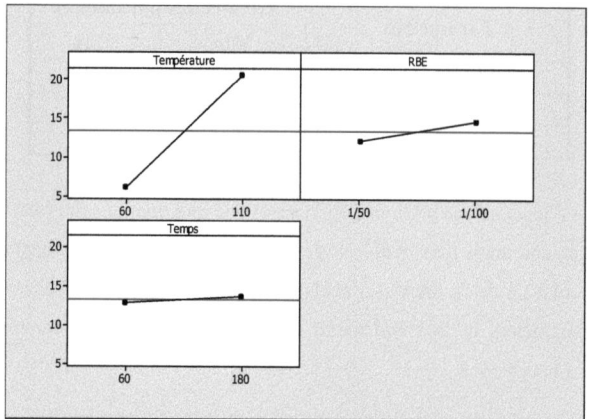

Figure I.3 : Graphiques des effets principaux.

Les allures tracées de chaque paramètre en fonction des valeurs min et max, confirment que le rendement maximal est obtenu à une température de 110°C. Nous remarquons aussi que le temps et le RBE n'ont pas une influence importante sur le rendement.

I.3.2. Influence des paramètres d'extraction sur le rendement :

L'analyse réalisée par le plan d'expérience ne décrit pas parfaitement l'évolution du rendement d'extraction. Il est possible que pour des niveaux intermédiaires la réponse varie différemment. Afin de mettre en évidence l'effet de tous les paramètres, nous avons analysé l'influence de chaque paramètre par l'intermédiaire des mesures spectrophotométriques.

I.3.2.1. Température d'extraction :

L'extraction de la séricine a été réalisée pendant 1 heure à cinq températures différentes: 60, 80, 95, 110 et 120°C. Le dégommage est effectué au moyen d'un bain marie, sauf pour les températures 110 et 120°C, nous nous sommes servi d'une autoclave. Le rapport de bain a été de 1/50. Les résultats sont représentés à la courbe ci-dessous **(Figure I.4)**.

Etude Expérimentale *Chapitre I : Vérification et extraction de la séricine*

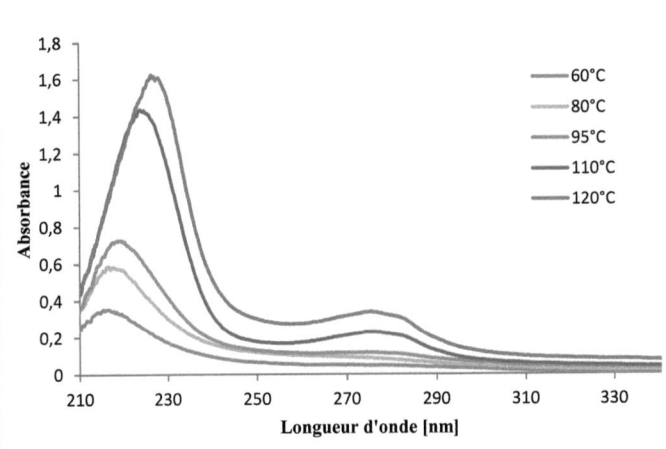

Figure I.4 : Effet de la variation de la température de dégommage de séricine pour une durée de 1h.

D'après la **Figure I.4**, nous remarquons que plus la température augmente plus la bande à la longueur d'onde des peptides (λ_1=220nm) est distinctif et la zone d'absorbance s'élargit essentiellement à 110 et 120°C sous pression. Pour une durée de 1h et à des températures entre 60 et 95°C la concentration de la solution en séricine est négligeable.

En outre, nous constatons, dans le sens de l'axe des abscisses, que suite à une augmentation de la température le maximum d'absorbance à la longueur d'onde λ_1=220nm se déplace vers les grandes longueurs d'onde, c'est l'effet bathochrome. L'apparition de cet effet peut être expliquée par une extraction des chaînes peptidiques plus longues avec des poids moléculaires importants. Alors, des températures élevées, notamment sous pression, provoquent le dégommage des grandes molécules de séricine.

Il est clair qu'avec une température de 120°C, nous atteignons un rendement maximal, mais le problème réside dans l'endommagement thermique de la structure chimique de séricine. Pour s'assurer que 120°C est le bon choix, nous avons déterminé, en fonction de la température, le rapport $R_{280/220}$ entre les absorbances A_{280}, proportionnelle à la concentration de séricine, et A_{220} qui représente les peptides. Les résultats sont illustrés par la courbe suivante (**Figure I.5**).

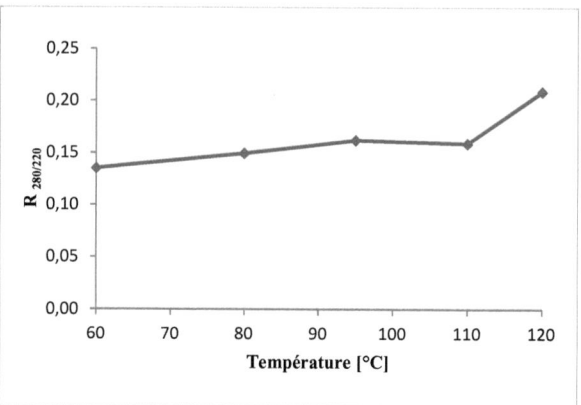

Figure I.5 : Evolution du rapport R $_{280/220}$ en fonction de la température.

Le rapport entre les absorbances aux deux longueurs d'onde est presque constant pour des extractions à des températures allant de 60 à 110°C. A 120°C, R $_{280/220}$ devient plus important, ceci peut être expliqué par un pourcentage élevé des peptides au niveau de la solution de séricine. En fait, les chaînes peptidiques exposées à des températures assez élevées risquent de se rompre en des chaînes plus courtes. Cette constatation est affirmée par les travaux de recherche réalisés par *Se Jin Kim [39]*, qui a montré par la technique Electrophorèse SDS PAGE que la séricine dégommée à 120°C est d'un faible poids moléculaire. Donc, il est à éviter d'extraire la séricine à une température au-delà de 110°C.

Généralement, des températures élevées permettent l'extraction des molécules à poids moléculaires élevés. Cependant, des températures assez élevées peuvent engendrer la dénaturation ou la dégradation des protéines en des peptides. Par conséquence, l'extraction à 110°C est la plus optimale pour obtenir un rendement important sans risque de dégradation des protéines.

I.3.2.2 Rapport de bain d'extraction:

De même dans le cadre d'extraire le maximum de séricine, nous avons varié le rapport de bain d'extraction. Le rapport de bain d'extraction (RBE) est défini par le rapport entre la masse de cocon (M_c) en gramme et le volume d'eau distillée (V_e) en millilitre.

$$RBE = Mc/Ve \qquad \text{Équation I.2}$$

Au niveau du plan d'expériences, nous avons fixé deux RBE (1/100 et 1/50) dont la différence entre les rendements a été négligeable. Pour mieux visualiser l'effet, nous avons élargi l'intervalle de RBE à analyser pour extraire la séricine à 110°C pendant 1h avec trois RBE différents : 1/100, 1/50 et 1/20 qui sont respectivement R1, R2 et R3.

Tableau I.2 : Calcul du rendement de la séricine en fonction du RBE.

RBE	A_{280}	C [mg/mL]	R%
R1	0,1411	2,236	22,36%
R2	0,2280	3,613	18,06%
R3	0,5275	8,360	16,72%

La **Figure I.6** ci-dessous expose les rendements de séricine en fonction du rapport de bain d'extraction.

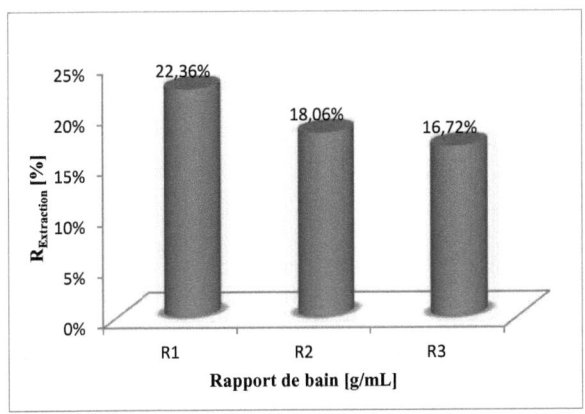

Figure I.6: Rendement d'extraction de séricine à 110°C pendant 1h en fonction du RBE.

La **Figure I.6** montre que le rendement diminue avec des rapports de bain courts (1/20) à cause de la saturation du bain en séricine. Alors que pour un RBE long (1/100) la séricine se solubilise mieux dans l'eau. Évidemment, l'interaction entre la séricine et la fibroïne est fondée sur des liaisons hydrogène, qui se rompent en présence d'eau et sous l'effet de la température. Ainsi, plus il existe des molécules (H_2O), plus les liaisons entre la séricine et la fibroïne se rompent pour former d'autres liaisons hydrogène entre la séricine et l'eau. En outre, nous avons observé à l'œil nu que la viscosité de la solution est importante pour un RBE court, une fois refroidie la solution de séricine se coagule. Par conséquence, le rapport de bain optimal est de 1/100.

I.3.2.3. Durée d'extraction :

A cette étape, nous avons varié la durée d'extraction de 30 à 180 min tout en maintenant la température de l'autoclave à 110°C. Au cours de cet essai, le rapport de bain a été fixé à 1/100.

A différentes durées, nous avons prélevé des extraits de la solution de dégommage, que nous l'avons mesuré, après une dilution de 15 fois, par le spectrophotomètre UV. La courbe ci-dessous (**Figure I.7**) représente le rendement d'extraction en fonction du temps.

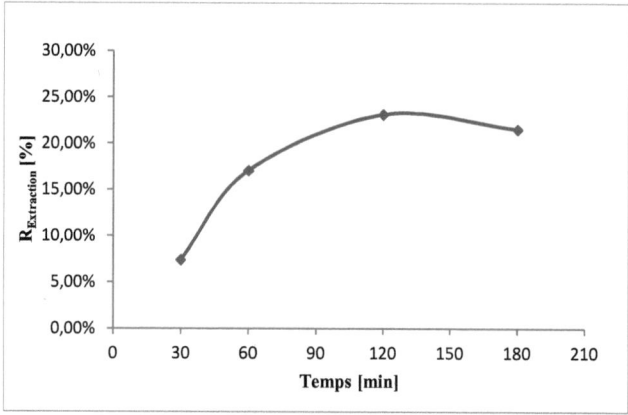

Figure I.7 : Effet de la variation du paramètre temps d'extraction à 110°C avec un rapport de bain de 1/100.

L'allure de la courbe du rendement en fonction du temps décrit une loi logarithmique. Au niveau de la première zone, allant de 30 à 120 min, nous avons une évolution de l'extraction qui commence à se stabiliser au-delà de 120 min. En effet, après deux heures, nous avons atteint le rendement maximal (23,10%), alors qu'après 3 heures il se provoque une diminution du rendement. Ceci montre que la séricine commence à se dégrader lors d'une longue exposition à des températures élevées.

Il est aussi à noter qu'à l'échelle industrielle le dégommage est réalisé à la température d'ébullition. Pour cette raison, nous avons analysé l'extraction à 95°C afin de déterminer le rendement de séricine atteint. La **Figure I.8** illustre les rendements de 9 bains d'extraction à différentes durées variant de 1 à 9 h.

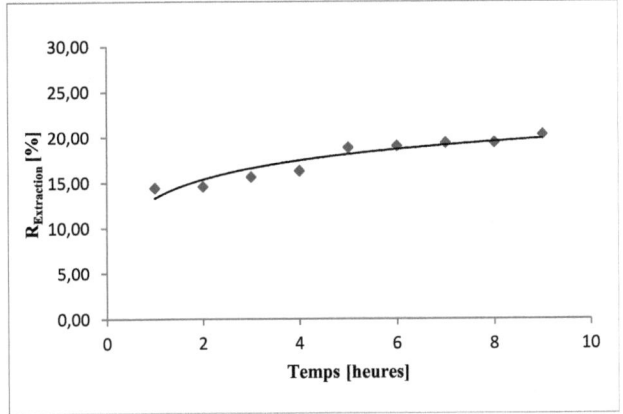

Figure I.8 : Evolution de l'extraction de la séricine à 95°C en fonction du temps avec un rapport de bain 1/100.

Après 9 heures d'extraction, le rendement obtenu à 95°C a été de 20,31%. Donc, une extraction à 110°C sous pression permet, en plus que d'extraire plus de séricine, d'économiser en temps et en énergie.

I.4. Analyse par Chromatographie sur couche mince :

I.4.1. Principe de la chromatographie :

L'objectif de cet essai est d'avoir une idée sur le poids moléculaire de la séricine extraite en le comparant avec une substance témoin. La chromatographie est une méthode physique de séparation basée sur les différences de polarité des substances en solution à analyser à l'égard des deux phases, l'une stationnaire ou fixe (gel de Silice, cellulose…) et l'autre mobile (un solvant ou un mélange de solvants).

Les tâches sur la plaque chromatographique sont visualisées soit par l'iode ou l'acide sulfurique, soit à l'aide d'une lampe UV en cas où la plaque contient un indicateur fluorescent permettant la résolution dans l'UV proche (366nm) ou lointain (254nm).

L'analyse des constituants se fait par comparaison avec des témoins ou simplement avec l'éluant, en calculant le rapport frontal R_f de chaque soluté.

$$R_f = h/H \qquad \text{Équation I.3}$$

Avec h correspond à la distance entre la ligne de base et la tâche et H correspond à la distance entre la ligne de base et le front du solvant.

I.4.2. Analyse de la séricine :

Protocole expérimental :

Concernant les protéines, la phase mobile comprend les produits suivant *[Web.6]*. :
- **70%** de butan-1-ol ($H_3C-(CH_2)_3-OH$)
- **18%** d'acide acétique (CH_3COOH)
- **12%** d'eau distillée

La phase stationnaire est en gel de silice sur une plaque en aluminium. Le témoin utilisé au cours de cet essai est du sérum d'albumine de bovin [1] (ABS) dont le poids molécule est de 66 kDa. Les tâches ont été visualisées à l'UV proche 254 nm.

---

[1] (ABS) est l'une des protéines extraites du sérum de bovin largement utilisée en laboratoire de biologie.

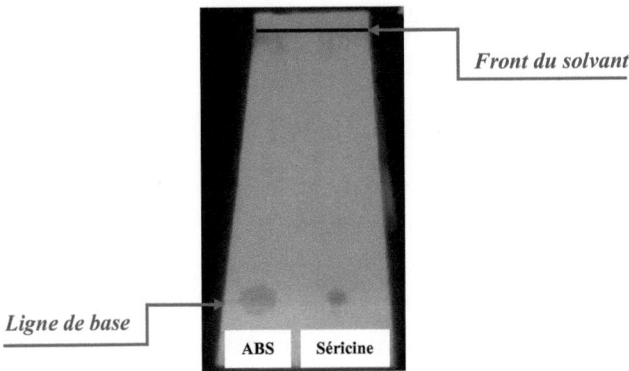

Figure I.9: Chromatographie à couche mince.

D'après cette figure, la séricine et l'ABS ont la même vitesse de migration avec un rapport frontal égal à 0,96 (R_f=16,4/15,8). En outre, cet essai a confirmé que la séricine est composée d'une seule substance qui est les protéines. Nous constatons aussi que le poids moléculaire de la séricine est de l'ordre de 66 kDa. Cette technique n'est pas consacrée directement à ce genre d'analyse, la détermination du poids moléculaire, c'est pour cette raison que nous avons utilisé l'ABS comme témoin à poids moléculaire connu.

Généralement, l'électrophorèse SDS-PAGE (Electrophorèse sur gel de polyacrylamide en présence de dodécylsulfate de sodium) est la technique la plus utilisée permettant la séparation des protéines selon leur poids moléculaire.

I.5. Conclusion :

En conséquence, après une extraction à 110°C pendant 2h et avec un rapport de bain 1/100, nous avons abouti à un rendement optimal de 23,10%. La solution de séricine extraite a été lyophilisée pour obtenir la poudre de séricine à poids moléculaire de l'ordre de 66 kDa.

CHAPITRE II : TRAITEMENT DES SUPPORTS TEXTILES

II.1. Introduction :

Après une extraction de la séricine dans les conditions optimales, nous allons fixer cette matière protéinique sur les deux fibres naturelles les plus utilisées, la laine et le coton, dont nous avons déterminé leurs propriétés physiques et chimiques. Afin d'éviter toute dénaturation ou endommagement de la séricine au cours du procédé de traitement, nous avons réalisé au début une analyse des paramètres de fixation, sachant que l'application de la séricine a été effectuée suivant le procédé de teinture. Par la suite, les supports textiles ont été traités en tenant compte des résultats trouvés.

II.2. Analyse des paramètres de fixation :

Dans l'intérêt d'analyser le comportement de la séricine vis-à-vis des paramètres de fixation, nous avons réalisé une analyse de l'influence de la température, du pH et du temps sur la poudre de séricine. A cet effet, la séricine a été dosée par spectrophotométrie UV à la longueur d'onde 280 nm. La concentration des solutions préparées plus tard a été de 2 mg/mL.

II.2.1. Effet du pH :

Nous avons préparé des solutions à différents pH et d'une même concentration. Afin de solubiliser la séricine, ces solutions ont été chauffées à l'ébullition jusqu'à solubilisation des cristaux de séricine. La courbe ci-dessous illustre l'évolution de la concentration de la séricine en fonction du pH.

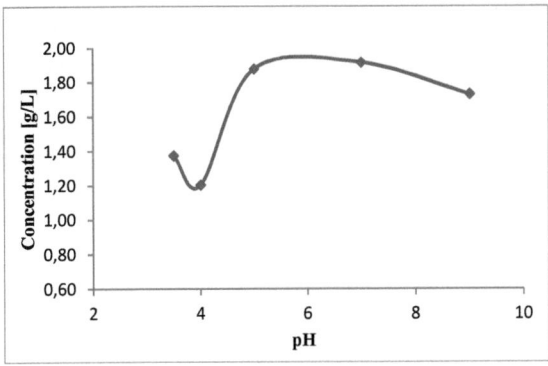

Figure II.1 : Evolution de la concentration de la séricine en fonction du pH.

La **Figure II.1** démontre clairement que la solubilité de la séricine est minimale à un pH 4 et augmente dans les deux bords de ce point pour atteindre un maximum de solubilité à un pH entre 5 et 7. En effet, les protéines sont moins solubles au voisinage de leur point isoélectrique, ce qui explique la chute de la concentration au pH 4, étant donné que le pH isoélectrique pHi de la séricine est égal à 4,1. A l'œil nu, la solution aqueuse de séricine est trouble et les cristaux existent encore après un certain temps d'ébullition. Alors, à un pH entre 5 et 7, la séricine est entièrement solubilisée, ainsi elle est appropriée à la fixation sur des supports textiles.

Dans des milieux fortement basiques, nous avons remarqué une différence au niveau de l'évolution du spectre d'absorbance (**Figure II.2**).

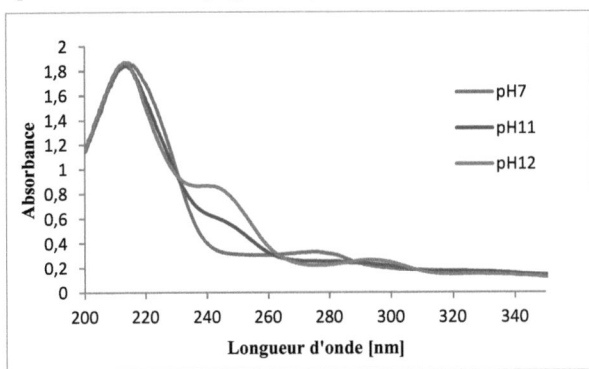

Figure II.2 : Spectres UV de l'absorbance de la séricine solubilisée dans des milieux fortement basiques.

La bande spectrale caractéristique du spectre de la séricine à la longueur d'onde $_2$=280 nm disparaît et il y a une apparition de deux autres bandes correspondant aux longueurs d'onde '$_1$=295 et '$_2$=245nm.

Nous avons déjà signalé (*Etude Bibliographique*) que les protéines se dénaturent dans des milieux fortement acide ou basique. En fait, les chaînes latérales s'ionisent sous cet effet, ce qui entraîne la disparition ou l'apparition de ponts salins formants des liaisons entre deux résidus chargés. De plus, les liaisons hydrogènes inter-chaîne se perturbent et se rompent.

II.2.2. Effet de la température :

Nous avons effectué un test de solubilisation de la séricine en fonction de la température. Pour cette raison, nous avons préparé quatre solutions de séricine d'un pH=5 et nous avons chauffé chacune à une température différente 40, 60, 80 et 95°C pendant 15min. Puis, les solutions ont été analysées au moyen du spectrophotomètre UV. Les concentrations obtenues sont représentées en fonction de la température par la courbe suivante (**Figure II.3**).

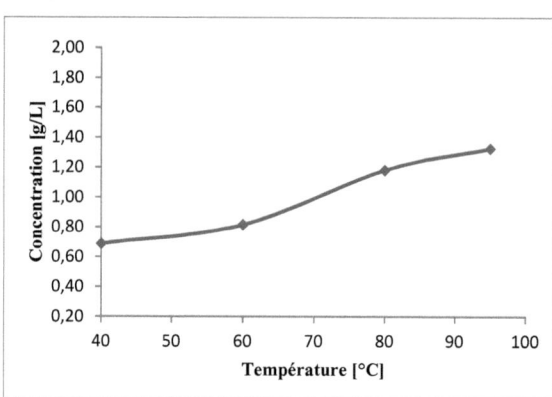

Figure II.3 : Evolution de la concentration de la séricine en fonction de la température à pH=5 et pendant 15min.

Il est clair que la poudre de séricine se solubilise à l'ébullition puisque la concentration a augmenté. Mais, il semble que c'est une question de temps afin d'atteindre la solubilité totale, notamment en déterminant le pourcentage de la séricine solubilisée qui est défini par le rapport entre la concentration obtenue après 15 min à 95°C (1,33g/L) et la concentration initiale (2g/L). Ainsi, nous avons trouvé que seulement 66,5% de séricine s'est dissoute. Alors, nous allons déterminer dans ce qui suit le temps nécessaire pour une solubilisation totale de la poudre de séricine.

II.2.3. Effet de la durée :

La séricine a été solubilisée à un pH égal à 5 et à une température de 95°C pendant des durées différentes de 10 à 60 min d'un pas de 10 min. Les résultats sont enregistrés dans la **Figure II.4**.

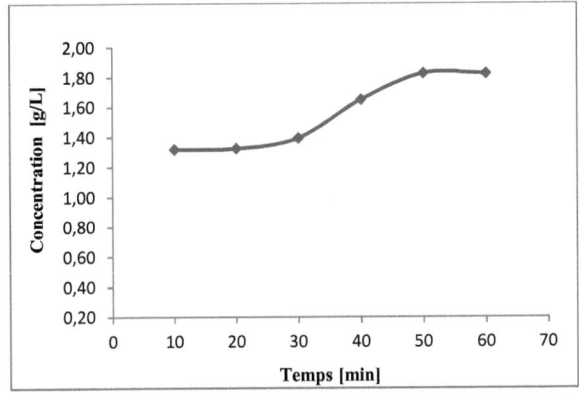

Figure II.4 : Evolution de la concentration de la séricine en fonction du temps à pH=5 et à 95°C.

D'après l'allure de la courbe ci-dessus, nous constatons que la poudre de séricine se solubilise totalement après 50 min à une température de 95°C. Au-delà de 50 min, la concentration de la solution en protéines est presque constante. Evidemment, elle ne dépasse pas 2 g/L, puisque c'est la concentration prédestinée au cours de nos essais.

II.2.4. Conclusion :

A l'échelle macromoléculaire, les protéines de la séricine qui sont stabilisées par des liaisons hydrogène intermoléculaires peuvent échanger ses liaisons hydrogène au niveau de la surface contre des liaisons hydrogène avec l'eau ce qui augmente leur solubilité. Cette solubilité est en général influencée par la température et le pH, elle augmente avec une température élevée et est minimale au pH isoélectrique.

Cette analyse préliminaire, de l'effet des paramètres de fixation sur la séricine, montre que la solubilisation de la poudre de séricine pour son application sur les supports textiles nécessite des conditions bien déterminées qui consistent à ajuster le pH du bain de fixation entre 5-7 et mener sa température à 95°C pendant une durée ne dépassant pas 60 min pour une concentration de 2 g/L.

II.3. Propriétés des supports textiles :

II.3.1. Fibre de coton :

La fibre de coton est une fibre végétale unicellulaire qui se présente sous la forme de poils sur la graine du cotonnier. Elle fait partie de la famille des malvacées. Le taux de cristallisation de cette fibre est de l'ordre de 60 à 70%. Le majeur composant de la structure chimique du coton est la cellulose qui est de 85% en moyenne. Les autres constituants sont 1% de matières minérales, 5.5% matières organiques et 8.5% humidité.

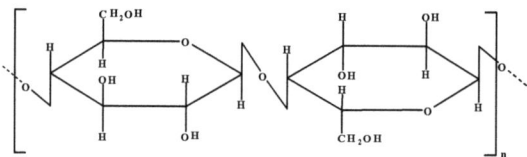

Figure II.5 : Structure chimique de la chaîne cellulosique du coton.

L'hydrolyse à chaud en présence d'un acide dilué de la cellulose conduit au -cellobiose qui peut lui-même se transformer en glucose.

II.3.1.1. Propriétés physiques :

- *Densité :* 1.54.
- *Taux de reprise :* 8.5%.
- *Toucher :* doux et agréable.

- *Affinité tinctoriale* : très grande.
- *Conductibilité thermique* : moyenne.
- *Action de la chaleur* : le coton jaunit vers 120°C et se décompose au-delà de 150°C. A 250°C, il y aura décomposition de la cellulose. C'est la pyrolyse.

II.3.1.2. Propriétés chimiques :

- *Action de l'eau* : C'est une fibre hygroscopique. Sous l'action de l'eau, la fibre se gonfle et perd sa torsion.
- *Action des bases* : Les solutions alcalines diluées n'ont pas d'action sur le coton même à l'ébullition. A forte concentration et à température élevée, les produits alcalins détruisent rapidement le coton. Concentrée à 18-25%, à température ordinaire et sous tension, la soude transforme la cellulose en alcali cellulose. Cette propriété est utilisée pour le mercerisage.
- *Action des acides* : Les acides minéraux à chaud, même dilués, et les sels à caractère acide, à forte concentration, détruisent la cellulose. Les acides organiques volatils (formique, acétique) sont inoffensifs.
- *Action des oxydants* : A forte concentration, les oxydants dégradent le coton en formant de l'oxycellulose. A faible concentration, ils détruisent les matières colorantes naturelles du coton.

II.3.2. Fibre de laine :

La fibre de laine est une fibre complexe de point de vue structure. Concernant la structure générale, la laine ressemble à la séricine puisque toute les deux sont constituées des protéines, la différence est que la fibre de laine est composée par la kératine. La kératine est une protéine composée d'une vingtaine d'acides -aminés ; elle est caractérisée par la présence d'un acide aminé soufré, la cystéine, qui est responsable de la formation du pont disulfure dans une chaîne polypeptidique et aussi entre les chaînes.

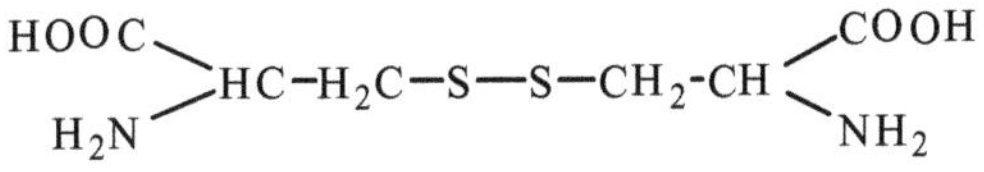

$$\begin{array}{c} HOOC \\ H_2N \end{array} \!\!\!\! > \!\!HC-H_2C-S-S-CH_2-CH \!\!< \!\!\! \begin{array}{c} COOH \\ NH_2 \end{array}$$

Figure II.6: Représentation d'un pontage disulfure (cystine).

Comme tous les matériaux composés d'AA, la fibre de laine a un pHi égal à 4,9 dans lequel ses propriétés mécaniques sont conservées.

II.3.2.1. Propriétés physiques :

- *Taux de reprise* : 17% à 20°C et 65% d'humidité relative pour la laine cardée.
- *Toucher* : désagréable.
- *Affinité tinctoriale* : Elle est très grande grâce à son pouvoir absorbant.
- *Résistance* : Elle est faible et diminue au mouillé.
- *Elasticité* : très grande.

II.3.2.2. Propriétés chimiques :

- *Action de l'eau* : La laine est fortement hygroscopique, elle peut absorber entre 15 et 25% de son poids sec. L'eau froide provoque un faible gonflement de la fibre, alors que l'eau bouillante peut rompre ses liaisons hydrogènes. La meilleure température de mouillage est à 60°C.
- *Action des bases* : La laine est très sensible à l'action des bases diluées ou concentrées, à chaud ou à froid. Elle s'hydrolyse suite à l'action des bases, c'est-à-dire les chaînes polypeptidiques se rompent. Seul l'ammoniac dilué à une température inférieure à 50°C n'endommage pas la laine.
- *Action des acides* : La laine est stable vis-à-vis l'action des acides. Les acides minéraux concentrés détruisent la laine.
- *Action des oxydants* : Ils attaquent la laine en cassant les liaisons disulfure. Les oxydants sont mieux utilisés pour le blanchiment grâce à leur réaction irréversible. L'hypochlorite de sodium dissout la laine.
- *Action des réducteurs* : Les réducteurs ont peu d'action sur la fibre de laine. Le blanchiment réducteur est appliqué comme complément du blanchiment oxydant puisque sa réaction est réversible.

II.4. Application de la séricine :

II.4.1. Application sur la laine :

Les protocoles expérimentaux de prétraitement (Blanchiment) et du traitement de la fibre de laine ont été détaillés dans l'*Annexe 5*.

Procédé expérimental

Au cours de l'application, l'échantillon a été imprégné à 40°C pendant 10min. Après ajout de 2,5% de poudre de séricine par rapport à la masse de l'échantillon, la température a été augmentée jusqu'à 95°C. La température du palier isotherme (95°C) a été maintenue pendant 40 min exactement comme le procédé de teinture par les colorants acides (**Figure II.7**).

Il est à noter que tous les essais réalisées au cours de ce mémoire sont à rapport de bain de traitement Rb=1/40 (masse d'échantillon en g/ volume du bain en L).

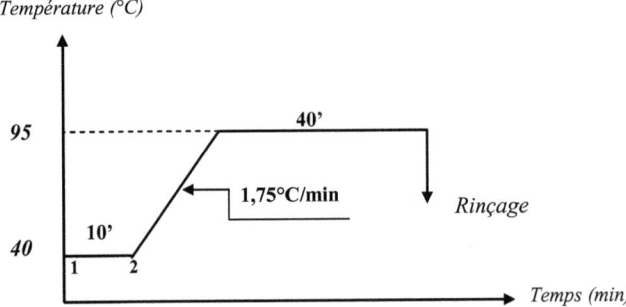

1: Imprégnation de la matière.

2 : Ajout de la séricine.

Figure II.7 : Procédé d'application de la séricine.

II.4.1.1. Evaluation de la fixation de la séricine :

Pour évaluer la quantité de séricine fixée sur la fibre de laine, nous avons mesuré l'absorbance des deux bains A_{av} (avant épuisement) et A_{ap} (après épuisement). Le taux d'épuisement est défini par l'**Equation II.1** suivante :

$$T_{ép}\% = (C_{av} - C_{ap}) / C_{av} \times 100 = (A_{av} - A_{ap})/A_{av} \times 100 \qquad \text{Équation II.1}$$

Avec C_{av} et C_{ap} sont respectivement la concentration du bain avant épuisement (sans échantillon) et la concentration du bain après épuisement (avec échantillon).

Pour les essais préliminaires, réalisés suivant le mode opératoire décrit à l'*Annexe 5* (5g/L Na_2SO_4 et pH=5) et le procédé expérimental ci-dessus (**Figure II.7**), le taux d'épuisement $T_{ép}\%$ obtenu est presque nul. La séricine n'est pas fixée sur la laine. La question qui se pose :

☞ Est-ce que le problème provient de l'un des paramètres de fixation ou bien réellement la séricine n'a pas d'affinité pour la laine ?

Afin de répondre à cette question, une analyse a été réalisée sur les différents paramètres de fixation (quantité de sel, pH, température et durée).

II.4.1.2. Analyse des paramètres du traitement de la laine :

a- Effet de la quantité de sel :

Les essais ont été refaits selon le même protocole expérimental décrit à l'*Annexe 5*. La concentration en séricine a été fixée à 2,5 % par rapport à la masse de l'échantillon. Nous avons varié la quantité de sel dans le bain de fixation de 20 à 30 g/L avec un pas de 5g/L. Les résultats obtenus sont illustrés dans l'histogramme ci-dessous (**Figure II.8**).

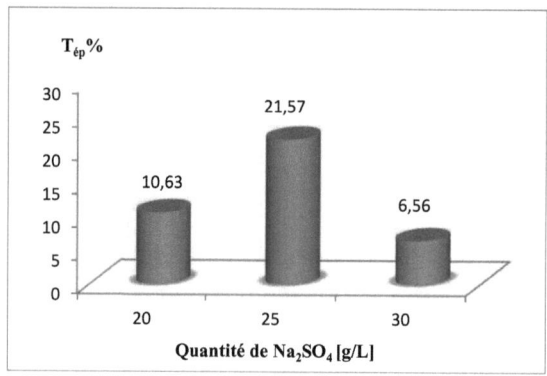

Figure II.8 : Evolution du taux d'épuisement en fonction de la quantité de sulfate de sodium.

Nous remarquons d'après ces résultats que pour une quantité de 25g/L de Na_2SO_4 le taux d'épuisement de séricine a été amélioré jusqu'à 21,57%. En effet, le sulfate de sodium est un facteur d'amélioration d'épuisement, ainsi une augmentation de sa concentration améliore le taux d'épuisement. Généralement, les électrolytes diminuent les forces de répulsion entre la fibre et la matière à fixer. Ainsi, les distances entre les molécules se réduisent, ce qui donne lieu à la formation des interactions de Van der Waals, qui apparaissent à courte distance, et des liaisons hydrogènes.

Le sulfate de sodium, plus soluble, favorise la migration de la séricine de l'eau vers la fibre. Cependant, pour des concentrations en sel supérieures à 25 g/L, nous avons une montée trop rapide de la séricine ce qui provoque un début de précipitation de la séricine, ainsi la solution devient trouble, ceci explique la diminution du $T_{ép}\%$ au-delà d'une concentration de 25g/L.

b- Effet du pH :

Concernant le pH approprié à la fixation de la séricine sur la fibre, nous avons essayé d'analyser les trois combinaisons possibles entre les charges de la laine et la séricine à différents pH :

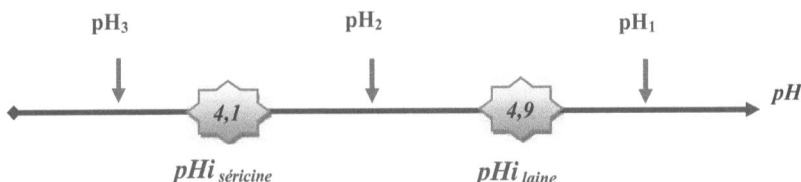

A pH_1 supérieur à pHi $_{laine}$ et pHi $_{séricine}$, la séricine et la laine sont chargées négativement :

$pH_1 = 5,5$ → séricine $\diagup^{NH_2}_{\diagdown \boxed{COO^-}}$ Laine $\diagup^{NH_2}_{\diagdown \boxed{COO^-}}$

A pH_2 compris entre pHi $_{laine}$ et pHi $_{séricine}$, la séricine est encore chargée négativement, alors que la laine devient chargée positivement :

$pH_2 = 4,5$ → séricine $\diagup^{NH_2}_{\diagdown \boxed{COO^-}}$ Laine $\diagup^{\boxed{NH_3^+}}_{\diagdown COOH}$

A pH$_3$ inférieur à pHi $_{laine}$ et pHi $_{séricine}$, la séricine et la laine sont chargées positivement :

$$pH_3 = 3,8 \longrightarrow \text{séricine} \begin{array}{c} \text{NH}_3^+ \\ \text{COOH} \end{array} \qquad \text{Laine} \begin{array}{c} \text{NH}_3^+ \\ \text{COOH} \end{array}$$

Il est à noter que ces essais ont été réalisés avec de la séricine solubilisée pendant 50 min à 95°C dans une solution aqueuse ajustée à pH 5. Après détermination du taux d'épuisement des trois solutions aux différents pH (pH$_1$, pH$_2$ et pH$_3$), nous avons obtenu le meilleur $T_{ép}\%$ pour le bain ajusté à pH 3,8. Les résultats sont présentés par la **Figure II.9**.

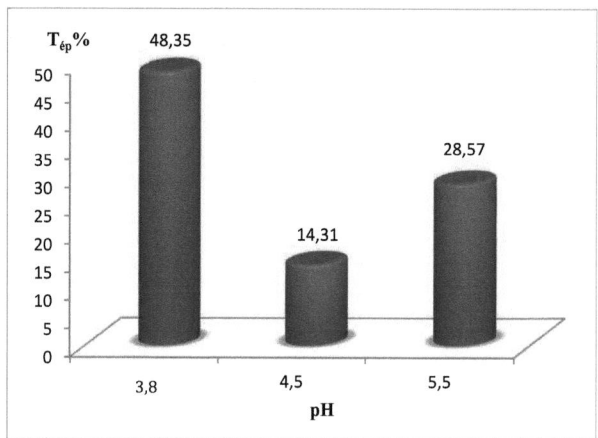

Figure II.9 : Evolution du taux d'épuisement en fonction du pH du bain à 95°C pendant 40min.

A pH égal à 3,8, la séricine et la laine sont à leur état électropositif. Essayons donc d'envisager les interactions éventuelles entre la séricine et la fibre de laine. Nous avons représenté dans la **Figure II.10** des séquences de la chaîne polypeptidique de la séricine, comprenant la sérine et l'acide aspartique qui occupent un pourcentage important dans la composition chimique de la séricine (*27,3%* et *18,8%* respectivement) ; et la Glycine (*10,7%*) et le Thréonine et (*7,5%*).

Etude Expérimentale   *Chapitre II : Traitement des supports textiles*

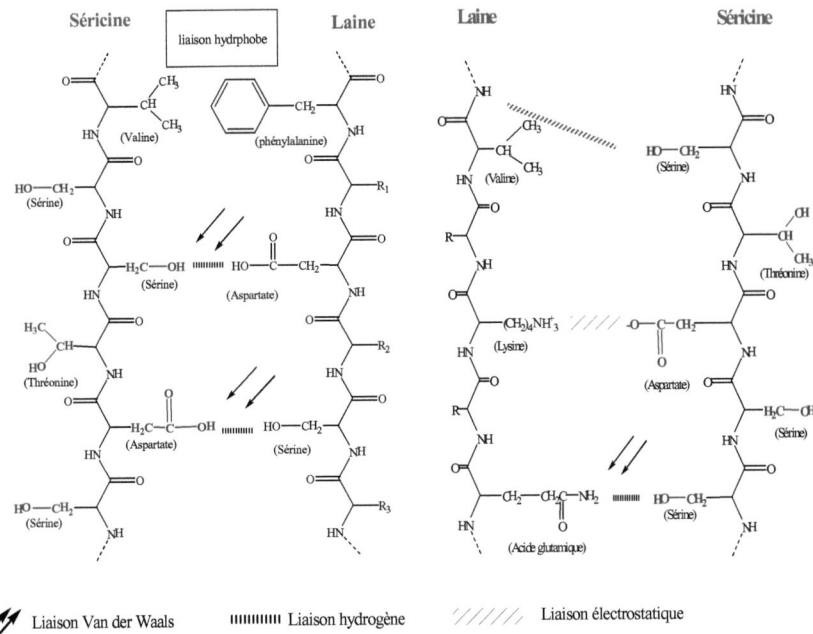

Figure II.10 : Représentation schématique des interactions possibles entre la laine et la séricine dans un milieu à pH 3,8.

La séricine a été liée à la fibroïne par des liaisons hydrogène entre l'oxygène des groupements -C=O dans la fibroïne et les hydrogènes des groupements hydroxyles -OH et amines NH_2 de la séricine.

La laine, comme la fibroïne, est à base d'acides aminés, ainsi, il est probable qu'il y aura une formation des interactions hydrogène, hydrophobe et Van der Waals entre la fibre de laine et la séricine. Ces liaisons sont de faible énergie, mais leur présence en un grand nombre leur établi une énergie importante. Les interactions entre la laine et la séricine s'établissent en générale entre les chaînes latérales ou également entre une chaîne latérale et un groupement de l'épine dorsal de la chaîne, notamment en cas de liaisons hydrogène, par exemple entre un groupe hydroxyle et un atome d'azote du groupement amine.

☞ La question qui se pose : Pourquoi ces interactions ont été établies à pH 3,8 et non pas aux pH 4,5 et 5,5 ?

La chose commune entre les deux pH 4,5 et 5,5, c'est que la séricine est à son état électronégatif. Donc, nous pouvons suggérer que la séricine ne réagisse avec la laine que lorsqu'elle est chargée positivement, il est probable que le potentiel électropositif de répulsion est inférieur au potentiel électronégatif, notamment en tenant compte de la composition de séricine qui comporte 18,8 % d'acide aspartique.

c- Effet de la température et la durée :

Dans cette partie, nous avons essayé de déterminer la température et la durée optimales du traitement de la laine. Les essais ont été réalisés selon le même procédé expérimental que précédemment, c'est-à-dire à pH égal à 3,8. Nous avons procédé à trois températures différentes 50, 80 et 95°C pendant différentes durées allant de 15 à 90 min avec un pas de 15min.

Les courbes ci-dessous (**Figure II.11** et **Figure II.12**) représentent uniquement les résultats obtenus pour les températures 80 et 95°C en fonction du temps, puisque le taux d'épuisement obtenu à 50°C est nul.

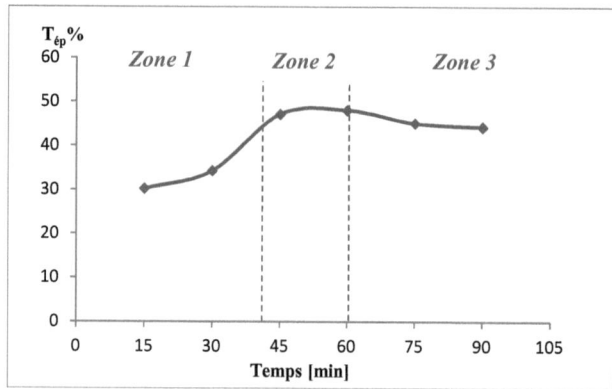

Figure II.11 : Evolution du taux d'épuisement de la séricine à pH=3,8 en fonction de la durée du palier isotherme à 95°C.

La **Figure II.11** montre qu'au cours de l'application de la séricine à 95°C, nous pouvons distinguer trois zones. La première est celle de la montée rapide de la séricine sur la fibre. A la deuxième zone, entre 45 et 60 min, nous avons une phase stationnaire, c'est la durée de fixation de la séricine sur la laine. A cet intervalle de temps, nous avons atteint l'équilibre entre la concentration de la séricine dans la fibre et celle de l'électrolyte dans le bain. Une fois fixée, la séricine commence à se dégommer au-delà de 60 min, ceci est en accord avec notre hypothèse que la liaison entre la laine et la séricine est fondée sur les ponts hydrogènes, qui lorsqu'elles sont exposées à la température d'ébullition pendant une durée assez longue, commence à se rompre.

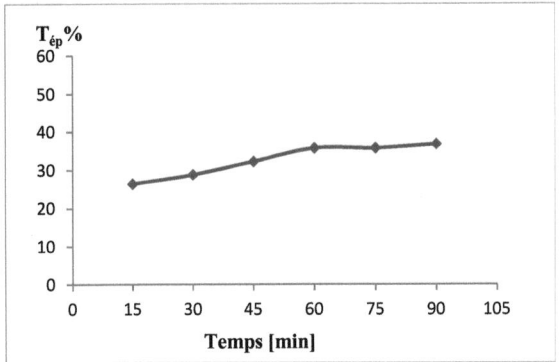

Figure II.12 : Evolution du taux d'épuisement de la séricine à pH=3,8 en fonction de la durée du palier isotherme à 80°C.

En plus, le traitement à la température 80°C (**Figure II.12**) a montré un faible taux d'épuisement, de l'ordre de 36%, comparé à celui à 95°C qui est de l'ordre de 48%. En conséquence, il est clair que la température joue un rôle important dans l'augmentation de l'affinité de la séricine pour la fibre de laine.

II.4.1.3. Variation de la concentration de la séricine:

Afin d'évaluer l'évolution de la fixation de la séricine vis-à-vis une augmentation de la concentration, nous avons calculé la masse de séricine fixée $M_{fixée}$ selon l'**Equation II.2**.

$$M_{fixée}\ [mg/g] = (M_{initiale} - M_{finale}) / M_{échantillon} \qquad \textbf{Équation II. 2}$$

Avec $M_{initiale}$ est la masse de séricine introduite dans le bain en mg, M_{finale} est la masse de séricine finale dans le bain déterminée après épuisement et $M_{échantillon}$ est la masse de l'échantillon traité en g. Sachant que la M_{finale} est définie par : $M_{finale} = (A_{280} / 0{,}9466) \times V = (1 - (T_{ép\%}/ 100)) \times M_{initiale}$

Avec V correspond au volume du bain de traitement en mL.

L'équation précédente (**Equation II.2**) a été développée comme suit afin de mettre en évidence le taux d'épuisement :

$$M_{fixée}\ [mg/g] = (T_{ép\%} \times M_{initiale}\ [mg]) / (M_{échantillon} \times 100) \qquad \textbf{Équation II.3}$$

Nous rappelons que la séricine est évaluée en pourcent par rapport à la masse de l'échantillon de laine. Dans l'*Annexe 6*, les pourcentages de séricine (%) ont été convertis en concentrations de séricine (g/L).

Le **Tableau II.1** suivant illustre les résultats obtenus suite à une variation de la concentration de séricine avec un bain de traitement ajusté à pH=3,8 et mené jusqu'à 95°C pendant 50 min.

Tableau II.1 : Effet de l'augmentation de la concentration de la séricine.

Pourcentage de séricine [%]	$M_{initiale}$ [mg]	$T_{ép}\%$	$M_{fixée}$ [mg/g]
2,5	57,5	48,24 %	12,06
5	115	47,08%	23,54
10	230	37,97%	37,97
20	460	22,10%	44,20

Les valeurs de la masse de séricine fixée sont représentées à la **Figure II.13**.

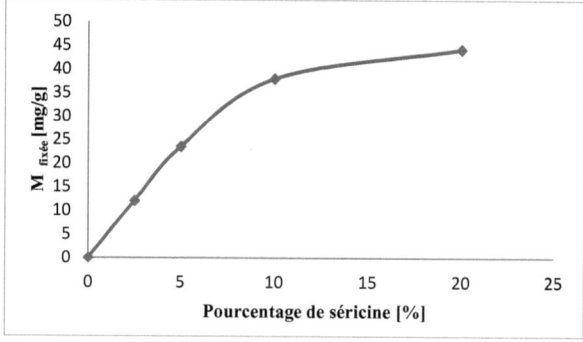

Figure II.13 : Evolution de la masse de séricine fixée suite à une augmentation de la concentration.

En augmentant la concentration de la séricine dans le bain de traitement, nous remarquons que le taux d'épuisement décroît irrégulièrement. Alors que pour la masse de séricine fixée $M_{fixée}$ et d'après l'allure de la courbe (**Figure II.13**), décrivant une loi logarithmique, nous observons qu'au début nous avons une croissance rapide, suivi d'un changement d'allure qui se traduit par un ralentissement de la montée de la séricine sur la fibre, ceci peut être le début de la saturation de la fibre au-delà d'une concentration de 20% de séricine par rapport à la masse de la matière textile.

II.4.2. Application sur le coton :

Dans cette partie, nous avons suivi la même démarche expérimentale que celui du traitement de la laine. Les protocoles expérimentaux du prétraitement et du traitement du coton sont détaillés à l'*Annexe 5*. En mesurant le taux de fixation, nous constatons que même après 60min de traitement à 95°C, la séricine ne se fixe pas sur le coton. Même en augmentant la concentration de la séricine jusqu'à 20%, le taux de fixation reste encore nul.

II.4.2.1. Analyse des paramètres du traitement du coton :

Plusieurs essais ont été réalisés dans le but de rechercher les paramètres optimaux de la fixation de la séricine sur la fibre de coton dans un milieu basique (pH entre 8,5-9), au cours desquels nous avons varié la concentration de l'électrolyte de 5 à 30 g/L et effectué des traitements à différentes températures de 50, 80 et 95°C et durant 15 à 90 min. Cependant, les résultats obtenus ont montré que la séricine ne présente aucune affinité pour la fibre de coton.

Les équations aux **Figure II.14** et **Figure II.15** illustrent les ionisations et les interactions probablement survenues entre la fibre de coton et la séricine.

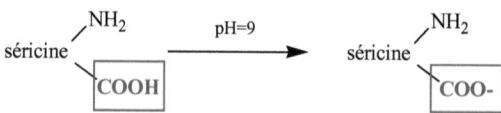

Figure II.14 : Ionisation des molécules de la fibre de coton et celles de la séricine dans un milieu alcalin (pH=9).

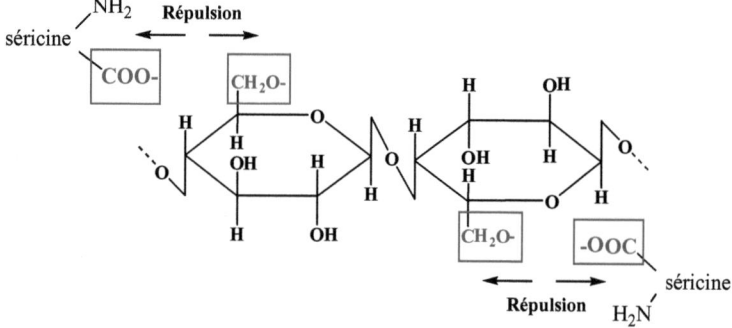

Figure II.15 : Interactions entre la fibre de coton et la séricine dans un milieu alcalin.

Il semble que la répulsion entre le coton et la séricine est dû à la charge globale négative (COO⁻) de la séricine. Aussi, la quantité de sulfate de sodium utilisée n'a pas pu affaiblir ces forces de répulsion. C'est possible que nous sommes en présence d'un potentiel électronégatif répulsif très important de manière que la séricine ne pouvait pas s'approcher assez de la fibre pour actionner les forces de Van der Waals.

Comme un dernier essai, le coton a été traité dans un milieu faiblement acide à un pH égal à 5,5 qui est favorable à la solubilisation de la poudre de séricine ; malgré ça, les résultats spectroscopiques ont prouvé que la séricine n'a pas d'affinité pour le coton.

II.4.2.2. Cationisation du coton :

Afin d'éliminer la répulsion entre la séricine et le coton et améliorer leur affinité, nous avons procédé à la cationisation du coton comme un prétraitement de la matière. La cationisation est un traitement à base des produits cationiques tels que le sel d'ammonium.

Notre objectif consiste à charger la fibre de coton positivement avant la fixation de la séricine. Le protocole expérimental de cationisation est mentionné à l'*Annexe 5*. Cependant, ce traitement n'a pas modifié le taux d'épuisement. Il semble que la séricine ne présente aucune affinité pour le coton.

La séricine est amphotère, malgré ça, elle n'a pas d'affinité pour les fibres cellulosiques. Donc, il est nécessaire d'introduire un troisième produit jouant un rôle intermédiaire entre la fibre et la séricine pour accomplir la liaison, comme par exemple un agent réticulant.

II.5. Conclusion :

Finalement, nous avons parvenu à appliquer la séricine sur la fibre de laine avec un taux d'épuisement de l'ordre de 48% avec une précision de ± 1. Cependant, il paraît que la séricine ne présente aucune substantivité pour le coton dans les conditions de notre traitement.

CHAPITRE III : SOLIDITE ET EFFETS OBTENUS

III.1. Solidité du traitement au lavage:

Dans cette partie, nous avons testé la solidité au lavage de la séricine sur les supports textiles traités. Les tests, définis à l'*Annexe 5*, ont été appliqués selon la norme NF G 07-200. L'objectif de cet essai est de contrôler la durabilité de notre traitement au lavage. Le suivi a été réalisé par la mesure de la concentration de la séricine dans le bain de lavage par spectrophotométrie UV.

Nous avons utilisé l'eau distillée avec un détergent comme solution de référence pour la mesure spectrophotométrique. En analysant les solutions de lavage pour toutes les éprouvettes en laine traitées à différentes concentrations, nous n'avons aperçu aucune bande caractéristique de la séricine. Donc, nous pouvons conclure que notre traitement résiste au lavage à 40°C. Même après 5 lavages, les résultats trouvés confirment la durabilité du traitement à la température ordinaire du lavage de la laine.

Nous avons élargi le domaine des essais de lavage, afin de vérifier la bonne fixation de la séricine sur la laine. Nous avons effectué ainsi un essai de lavage à 95°C pendant une durée de 30 min.

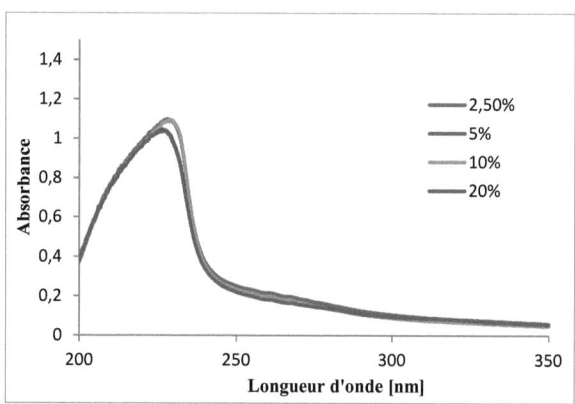

Figure III.1 : Spectres d'absorbance des solutions de lavage à 95°C pendant 30min.

Nous observons d'après la **Figure III.1** que les spectres de dégommage à 95°C des échantillons traités à quatre différentes concentrations sont confondus. De plus, la bande à la longueur d'onde des peptides ($\hat{\imath}_1$=220nm) est assez large comparée aux spectres précédemment mesuré (**Figure I.1** et **Figure I.4**), ce qui montre que les solutions sont concentrées en chaînes peptidiques courtes.

Pour évaluer les résultats obtenus après un lavage à 95°C, nous avons défini le taux de fixation après lavage $T_f\%$ des échantillons traités comme suit :

$$T_f\% = (M_{fixée} - M_{non\ fixée}) / M_{fixée} \times 100 \qquad \text{Équation III.1}$$

Avec $M_{fixée}$ correspond à la masse de séricine fixée sur échantillon en [mg/g] et $M_{non\ fixée}$ est la masse de séricine extraite de l'échantillon en [mg/g]. Sachant que la masse de séricine non fixée est déterminée par l'**Equation III.2**.

$$M_{non\ fixée}\ [mg/g] = C \times V_{lavage} \qquad \text{Équation III.2}$$

Nous rappelons que la concentration en séricine d'une solution a été déterminée à partir de la courbe d'étalonnage par : $C = A_{280} / 0{,}9466$ et V_{lavage} est le volume d'eau de lavage d'un gramme d'échantillon traité que nous l'avons déjà fixé à 50 mL/g (**Annexe 5**).

Tableau III.1 : Détermination du taux de fixation après lavage à 95°C.

Concentration [%]	T_f[%]
2,5	36,11
5	66,58
10	78,50
20	79,78

Afin de distinguer l'intérêt des résultats trouvés, nous avons tracé la courbe du taux de fixation après lavage en fonction de la masse de séricine fixée sur échantillons traités (**Figure III.2**).

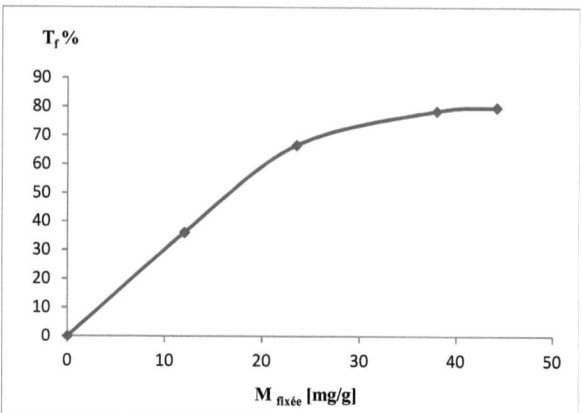

Figure III.2 : Détermination du taux de fixation après lavage à 95°C en fonction de la séricine fixée sur échantillon traité.

Ces résultats montrent qu'après un lavage à 95°C, les échantillons présentent une meilleure durabilité pour des concentrations élevées en séricine. De plus, nous pouvons conclure que l'interaction entre la laine et la séricine n'est pas fondée uniquement sur des liaisons hydrogènes, ce qui confirme l'existence de quelques liaisons électrostatiques et des attractions hydrophobes.

III.2. Analyse des effets obtenus :

Après avoir traité la fibre de laine et s'assuré de la permanence du traitement, nous nous sommes intéressés à valoriser notre application en étudiant les effets obtenus par la séricine fixée sur la fibre de laine. Au début, nous avons analysé l'effet de la séricine sur la fibre en tant qu'un colorant. Puis, nous avons testé ses effets sur la capacité d'adsorption, le toucher et l'activité antibactérienne.

III.2.1. Effet sur la nuance :

Les échantillons de laine traités aux différentes concentrations de séricine (0%, 2.5%, 5%, 10% et 20% par rapport à la masse d'échantillon) présentent des nuances brunes très claires distinctes à celle de la laine blanchie (**Tableau III.2**).

Tableau III.2: Echantillons traités à différentes concentrations de séricine.

Pourcentage de séricine [%]	Non Traité	0	2,5	5	10	20
Echantillons de laine						

L'échantillon de laine non traité par la séricine présente une nuance jaunâtre qui est peut être due au milieu acide (pH=3,8) du bain de traitement. Concernant les échantillons traités, une augmentation de la concentration de séricine se traduit par une nuance faiblement progressive. En effet, la poudre de séricine est d'une couleur brune claire (**Figure III.3**), donc nous ne prévoyons pas d'obtenir des échantillons avec des nuances plus foncées.

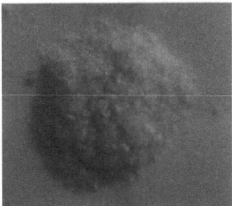

Figure III.3 : Poudre de séricine.

III.2.2. Effet sur la capacité d'absorption :

L'une des propriétés de la séricine est sa capacité d'absorption d'eau. Pour évaluer cette caractéristique, nous avons procédé selon la norme **STDN2 117-87** (issu de la norme de codex Allemand)

III.2.2.1. Protocole expérimental :

Peser M_s la masse sèche de l'éprouvette puis imprégner dans de l'eau distillée pendant 30 min. A l'issue des 30 min, égoutter l'éprouvette pendant 5 min et enfin repeser M_e la masse égouttée.

Ainsi, nous déterminons la capacité d'absorption C_{ab} par l'**Equation III.3** suivante:

$$C_{ab} = (M_e - M_s) / M_s \qquad \text{Équation III.3}$$

Pour mettre en évidence l'apport d'absorption due proprement à la séricine, nous avons calculé le gain d'absorption d'eau, comme indiqué par l'**Equation III.4**.

$$G_{ab}\% = (C_{ab1} - C_{ab0}) / C_{ab0} \times 100 \qquad \text{Équation III.4}$$

Avec C_{ab0} correspond à la capacité d'absorption de l'échantillon non traité avec de la séricine et C_{ab1} correspond à la capacité d'absorption de l'échantillon traité.

III.2.2.2. Résultats et interprétations :

La **Figure III.4** ci-dessous illustre les résultats obtenus et qui sont enregistrés dans le tableau à l'*Annexe 6*.

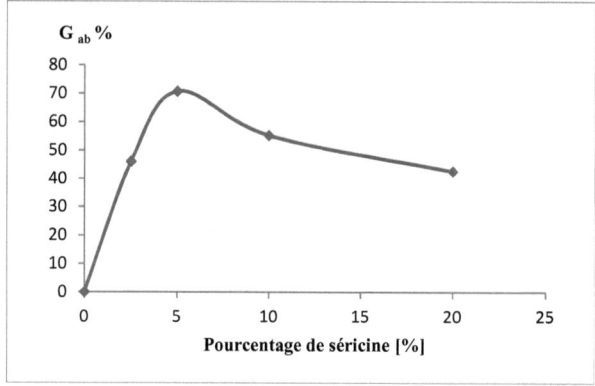

Figure III.4 : Evolution du gain d'absorption des échantillons en fonction de la concentration.

La séricine présente un rôle que nous pouvons suggérer important, comparé aux taux de fixation, sur l'amélioration de la capacité d'absorption de la fibre de laine. D'après l'allure de la courbe du gain d'absorption des échantillons, nous remarquons que la capacité d'absorption de la laine croît jusqu'à atteindre son maximum pour une concentration de 5% de séricine, au-delà de quelle elle décroît. Donc, une concentration de 5% paraît suffisante pour une amélioration de l'absorption de l'ordre de 70,75%.

Bien entendu, la fibre de laine est caractérisée par son pouvoir absorbant qui lui confère une très grande affinité tinctoriale. Cependant, il est indispensable de mentionner l'apport de la séricine qui est caractérisée aussi par sa capacité d'absorption d'eau grâce à la présence des acides aminés polaires en grand pourcentage (70%).

III.2.3. Effet sur le toucher :

III.2.3.1. Principe :

Les étoffes textiles sont souvent caractérisées par une grandeur particulaire appelée la «main», qui est une combinaison de différents critères physiques, mécaniques et sensoriels. Pour évaluer objectivement la « main » (toucher) des étoffes textiles, il existe deux systèmes de mesure : un système japonais KAWABATA et un système australien FAST.

En Tunisie, nous ne disposons pas de ces deux systèmes de mesure. Ainsi, nous avons eu recours à une technologie de mesure se basant sur l'analyse sensorielle. Celle-ci utilise l'être humain comme instrument de mesure. Cette technique comprend deux types de tests :

> Un ***test hédonique*** dont l'objectif est de déterminer la préférence de consommation qui donne une appréciation positive ou négative.

> Un ***test analytique*** qui permet de décrire la nature et l'intensité des différences entre plusieurs produits correspondants à différents discriminants.

Ces mesures sont réalisées par des panels de consommateurs naïfs ou des panels d'experts parfaitement entraînés à la reproductibilité.

III.2.3.2. Protocole expérimental :

Nous avons évalué le toucher des échantillons traités à différentes concentrations à l'aide d'un panel de consommateurs de 10 personnes. Les valeurs de toucher ont été donnés de 1 (pas doux) à 10 (très doux) en le comparant à un échantillon de laine adouci (***Annexe 5***) dont le toucher a été évalué par 6 points.

III.2.3.3. Résultats et interprétations :

Les résultats obtenus sont illustrés à l'histogramme ci-dessous (**Figure III.5**) :

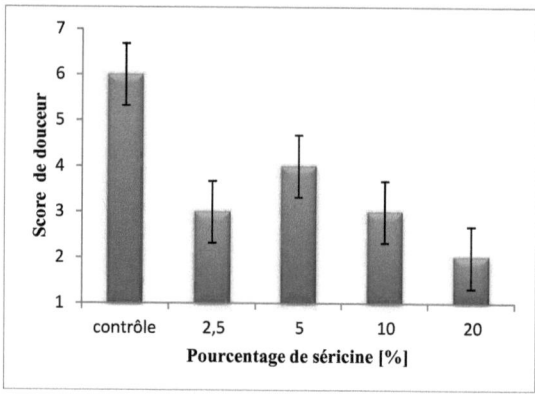

Figure III.5 : Scores de douceur des échantillons en laine traités à différentes concentrations.

Les résultats à la **Figure III.5** ont montré que l'échantillon de contrôle a été plus doux que ceux traités par la séricine. Néanmoins, le toucher a été amélioré comparé à l'échantillon non traité surtout jusqu'à un score de 4 points pour un pourcentage de 5% par rapport à la masse d'échantillon. En effet, les protéines de séricine une fois fixées sur la surface de la fibre, ont tendance à renfermer les écailles à la cuticule et lisser la surface de la fibre, ce qui peut aboutir à un traitement d'anti-feutrage de la laine. Donc, nous pouvons suggérer que la séricine reprend le rôle de la couche protectrice de la fibre, exactement comme elle a été pour la fibroïne.

III.2.4. Activité antibactérienne :

Le finissage antibactérien des matières textiles est capable d'empêcher la croissance des divers micro-organismes et qui contribue également à la désodorisation. Ce traitement est généralement appliqué pour les textiles médicaux, d'ameublement, les vêtements de travail et dans les domaines pharmaceutique et alimentaire.

III.2.4.1. Protocole expérimental :

Pour déterminer l'activité antibactérienne, nous avons suivi une méthode qualitative simple *[47]* selon la norme **AATCC 147**. Au cours de ce test, les bactéries ont été cultivées en milieu solide à base de gélose. La suspension bactérienne a été préparée à partir de l'eau physiologique (9g NaCl/1L d'eau distillée) et des bactéries pathogènes.

Les souches bactériennes utilisées au cours de nos tests sont l'*E. Coli* et *S. Aureus* caractérisés par :

- ✦ **E. Coli** (*Escherichia coli*) : C'est un bacille négatif à la coloration de gram (apparaît rose au microscope). Cette bactérie est couramment employée dans les laboratoires de biologie moléculaire.
- ✦ **S. aureus** (*Staphylococcus aureus*) : C'est une bactérie gram positif (apparaît mauve au microscope) qui se présente comme une coque en amas. Cette espèce est commensale de l'homme et peut se retrouver sur la peau.

Les échantillons testés ont été traités à différents pH (3,8, 4,5 et 5,5) avec une concertation de séricine de 10% par rapport à la masse d'échantillon.

Dans une boîte de Pétri contenant de la gélose nutritive, nous avons introduit quelques gouttes d'eau physiologique que nous l'avons bien distribué sur toute la surface gélose. Puis, des petits morceaux des échantillons de 8 mm de diamètre ont été étalés. Les boîtes de Pétri ont été posées pendant 1h au réfrigérateur à 4°C, puis incubées dans l'étuve à 37°C pendant 24h.

L'activité antibactérienne est illustrée par des zones d'inhibition au dessous et autour des échantillons. Le **Tableau III.3** représente le degré de l'activité selon la zone d'inhibition :

Tableau III.3 : Degré de l'effet antibactérien selon la zone d'inhibition :

Zone d'inhibition [mm]	Activité antibactérienne
8	Pas d'activité
9	Plus ou moins
10	Faible
12	Moyenne
15	Bonne

III.2.4.2. Résultats et interprétations :

Après 24h d'incubation, nous avons mesuré les diamètres des zones d'inhibition et qui sont enregistrés dans le **Tableau III.4**.

Tableau III.4 : Evaluation de l'activité antibactérienne des échantillons traités à différents pH après 24h d'incubation.

Souche bactérienne	S. Aureus		E.Coli	
	Zone d'inhibition [mm]	Echantillons	Zone d'inhibition [mm]	Echantillons
pH 3,8	12		11	
pH 4,5	10		9	
pH 5,5	9		10	

Ces résultats montrent que les échantillons de laine traités à pH=3,8 présentent une activité antibactérienne moyenne. Généralement, la laine est plus résistante au développement des moisissures et à l'attaque des bactéries que les fibres cellulosiques. D'autre part, la séricine est caractérisée par son activité antibactérienne, surtout que l'échantillon de laine non traité n'a présenté aucune zone d'inhibition. Ce test a été réalisé non pas pour évaluer l'activité antibactérienne de la séricine, mais seulement pour la démontrer.

III.3. Conclusion :

Ces analyses révèlent la multifonctionnalité de la séricine en tant qu'un agent de finissage permettant une bonne amélioration de l'absorption et du toucher et s'en profiter en même temps d'une nuance brune acceptable.

En outre, les effets obtenus sont prometteurs pour une exploitation moyennement industrielle remplaçant quelques produits de finissage coûteux ou munis d'une toxicité de l'environnement qui nécessite des traitements des usages chers et compliqués. Ainsi, nous pouvons bénéficier de la séricine en tant qu'un produit biodégradable avec des bons effets d'apprêtage du support textile qui peuvent être amélioré en employant d'autres procédés de traitement par exemple par greffage ou réticulation.

//*Conclusion générale et perspectives*//

Conclusion générale et perspectives

Ce mémoire porte sur l'application de la séricine sur un support textile. Au cours de notre étude, nous avons procédé au début à l'extraction et à l'identification de la séricine des cocons du Bombyx mûri. Après une analyse détaillée, nous avons réalisé l'extraction à 110°C pendant 2h et avec un rapport de bain 1/100, le rendement en séricine a été de 23,10%. La solution de dégommage de séricine a été lyophilisée pour des raisons de conservation et de précision au niveau des analyses comparatives.

Avant traitement des supports textiles, l'analyse préliminaire du comportement de la poudre de séricine vis-à-vis des paramètres du procédé d'application a montré que la solubilisation totale de la poudre a été obtenue dans une solution d'eau distillée ajustée à pH entre 5 et 7, à une température de 95°C pendant 50 min.

Concernant le traitement des supports textiles, les essais ont montré que la séricine n'a pas d'affinité pour le coton alors qu'elle a pour la laine. Ainsi, nous nous sommes intéressé à analyser l'application sur la laine afin de déterminer les paramètres de fixation. Nous nous sommes rendu compte après plusieurs essais qu'à un pH=5 la séricine se fixe avec un taux d'épuisement de l'ordre de 21,57 % sur la fibre de laine. Pour cette raison, nous avons solubilisé la poudre de séricine, puis nous avons ajusté le pH du bain de traitement à 3,8 et à une température de 95°C pendant une durée entre 45 et 60 min ; le taux d'épuisement a été amélioré jusqu'à environ 48% avec une précision de ±1.

Les interactions entre la laine et la séricine ont été fondées sur des liaisons hydrogènes et Van der Waals et éventuellement des charges électrostatiques et des attractions hydrophobes.

Le traitement de la laine a présenté une permanence après un lavage à 40°C. Finalement, nous avons analysé les effets obtenus pour les échantillons en laine traités en termes de nuance, absorption, toucher et effet antibactérien. Un pourcentage de 5% de séricine (par rapport à la masse d'échantillon) a amélioré le toucher des échantillons de laine jusqu'à un score de 4 points, ainsi que l'absorption d'eau avec un gain de 70,75%. Les échantillons ont montré aussi une moyenne activité antibactérienne.

Ce travail soulève cependant de nouvelles questions qui peuvent approfondir la recherche. Ainsi, nous estimons compléter notre travail par des prochaines études s'intéressant à :

- Une étude plus détaillée de la séricine de point de vue biochimique afin d'identifier réellement le poids moléculaire de la séricine extraite par Electrophorèse SDS-PAGE.
- Une amélioration du taux d'épuisement, peut être effectuée en intervenant d'autres produits chimiques au bain de traitement ou en traitant les matières textiles différemment par exemple par enduction, réticulation ou greffage.
- Une application de la séricine sur d'autres fibres textiles (synthétiques ou artificielles).
- Une étude de l'effet de la séricine sur l'affinité tinctoriale de la laine.
- Une étendue de cette étude à l'échelle industrielle par une valorisation et un recyclage des rejets du projet de l'industrie de soie à Tabarka.

Références Bibliographiques

[1] Padamwar MN, Pawar AP, Daithankar AV, Mahadik KR. *Silk sericin as a moisturizer: an in vivo study.* J Cosmet Dermatol; 4(4):250-7, Dec **2005**.

[2] Kato N, Sato S, Yamanaka A, Yamada H, Fuwa N, Nomura M. *Silk protein, sericin, inhibits lipid peroxidation and tyrosinase activity.* Biosci, Biotechnol, Biochem; 62(1):145-7, **1998**.

[3] Yamada H, Matsunaga A. *Synthetic fiber woven or knitted fabric improved in hygroscopicity.* Japan Patent 06-017373A, **1994**.

[4] Mori K, Kanai T, Kaneda M, Sakai Y. *Absorptive article.* Japan Patent 09-322911A, **1997**.

[5] Yamada H, Nomura M. *Fibrous article for contact with skin.* Japan Patent 10-001872A, **1998**.

[6] Takai Y. *Hydrophilic fiber and aggregate of the same and production thereof.* Japan Patent 11-350352A, **1999**.

[7] Miyake, Hajime, Yamashita, Shigekazu, Wakisaka, Hiroyuki. *Fiber Processing by High Molecular Weight Sericin and Its Basic Properties.* Textile Research Journal, Sep **2004**.

[8] Anna Anghileri, Raija Lantto, Kristiina Kruus, Cristina Arosio, Giuliano Freddi. *Tyrosinase-catalyzed grafting of sericin peptides onto chitosan and production of protein–polysaccharide bioconjugates.* Journal of Biotechnology; 127, 508–519, **2007**.

[9] Ueda K, Makita M. *Rubber molding having durable skincare property.* Japan Patent 2000-169595A, **2000**.

[10] Joao Cortez, Anna Anghieri, Philip L.R. Bonner, Martin Griffinc, Giuliano Freddi. *Transglutaminase mediated grafting of silk proteins onto wool fabrics leading to improved physical and mechanical properties.* Enzyme and Microbial Technology; 40 1698–1704, **2007**.

[11] Annamaria S, Maria R, Tullia M, Silvio S, Orio C. *The microbial degradation of silk: a laboratory investigation.* Int Biodeterior Biodegrad; 42(4):203-11, **1998**.

[12] Nomura M, Iwasa Y, Araya H. *Moisture absorbing and desorbing polyurethane foam and its production.* Japan Patent 07-292240A, **1995**.

[13] Hatakeyama H. *Biodegradable sericin-containing polyurethane and its production.* Japan Patent 08-012738A, **1996**.

[14] Kabayama M. *Synthetic resin pumice and its production.* Japan Patent 2000-014592A, **2000**.

[15] Chisti Y. *Strategies in downstream processing.* In: Subramanian G, editor. Bioseparation and bioprocessing: a handbook, vol. 2. New York: Wiley-VCH, pp. 3–30, **1998**.

[16] Hirotsu T, Nakajima S. *Water–alcohol separation by pervaporation through silk fibroin membranes.* Sen'I Gakkaishi 44(2):70–7, **1988**.

[17] Mizoguchi K, Iwatsubo T, Aisaka N. *Separating membrane made of cross-linked thin film of sericin and production thereof.* Japan Patent 03-284337A, **1991**.

[18] Yamada H, Fuwa Y. *Filter membrane and production thereof.* Japan Patent 05-345117A, *1993*.
[19] Yoshikawa M, Murakami A, Okushita Y. *A blend film containing agar or/and agarose, and sericin and production thereof.* Japan Patent 2001-129371A, *2001*.
[20] Nakajima Y. *Liquid crystal element.* Japan Patent 06-018892A, *1994*.
[21] Tanaka T. *Antifrosting method, antifrosting agent and snow melting agent.* Japan Patent 2001-055562A, *2001*.
[22] Sara Sarovart, Boonya Sudatis, Prateep Meesilpa, Brian P. Grady, Rathanawan Magaraphan. *The use of sericin as an antioxidant and antimicrobial for polluted air treatement.* Rev. Adv.Sci.5 193-198, *2003*.
[23] Li X. *Usage of sericin in durable material.* China Patent 1116227A, *1996*.
[24] Ishikawa H, Nagura M, Tsuchiya Y. *Fine structure and physical properties of blend film compose of silk sericin and poly(vinyl alcohol).* Sen'i Gakkaishi; 43(6):283–7, *1987*.
[25] Yoshii F, Kume T, Makuuchi K, Sato F. *Hydrogel composition containing silk protein.* Japan Patent 2000-169736A, *2000*.
[26] Nakamura K, Koga Y. *Sericin-containing polymeric hydrous gel and method for producing the same.* Japan Patent 2001-106794A, *2001*.
[27] Miyairi S, Sugiura M. *Properties of b-glucosidase immobilized in sericin membrane.* J Ferment Technol 56(4):303–8, *1978*.
[28] Tsubouchi K. *Wound covering material.* US Patent US5951506, *1999*.
[29] Minoura N, Aiba S, Gotoh Y, Tsukada M, Imai T. *Attachment and growth of cultured fibroblast cells on silk protein matrices.* J Biomed Mater Res 29:1215–21, *1995*.
[30] Tsukada M, Hayasaka S, Inoue K, Nishikawa S, Yamamoto S. *Cell culture bed substrate for proliferation of animal cell and its preparation.* Japan Patent 11-243948A, *1999*.
[31] Murase M. *Method for solubilizing and molding cocoon silk, artificial organ made of cocoon silk, and medical element made of cocoon silk.* Japan Patent 06-166850A, *1994*.
[32] Yu-Qing Zhang, Yan Ma, Yun-Yue Xia, Wei-De Shen, Jian-Ping Mao, Ren-Yu Xue. *Silk sericin–insulin bioconjugates: Synthesis, characterization and biological activity.* ScienceDirect, Journal of controlled Release 115 (2006) 307-315, *2006*.
[33] Akiyama D, Okazaki M, Hirabayashi K. *Method for the preparation of a polymer with a high water absorption capacity containing sericin.* Journal Sericulture Science Japan 62(3) :392-6, *1993*.
[34] Kazuhisa T, Takagi H, Takahashi M, Yamada H, Nakamori S. *Cryoprotective effect of the serine-rich repetitive sequence in silk protein sericin.* J Biochem 129(6):979–86, *2001*.
[35] Yu-Zhang, Yan Ma, Yun-Yue Xia, Wei-De Shen, Jian-Ping Mao, Ren-Yu Xue. *Silk Sericin-insulin bioconjugates: Synthesis, characterization and biological activity.* Journal of controlled Release 115 307-315, *2006*.
[36] Mr Faouzi SAKLI. *La soie : Généralités*, p 2-40,*1996*
[37] Jin-Hong Wu, Zhang Wang, Shi-Ying Xu. *Preparation and characterization of sericin powder from silk industry wastewater.* Food Chemistry 103, 1255-1262, *2007*.

[38] Keizo Kodama.*The preparation and physico-chemical properties of sericin*. J. Chem. Soc (Japan), 42, 1054.

[39] Se Jin Kim. *Gas permeation through water-swollen sericin / PVA membranes*. Thesis, Waterloo, Ontario, Canada, *2007*.

[40] KwangGill Lee, HaeYong Kweona, Joo Hong Yeo, Soon Ok Woo, Yong Woo Lee, Chong-Su Cho, Ki Ho Kim, Young Hwan Park. *Effect of methyl alcohol on the morphology and conformational characteristics of silk sericin*. International Journal of Biological Macromolecules 33, 75–80, *2003*.

[41] Yoko Takasu, Hiromi Yamada, Kozo Tsubouchi. *Isolation of Three Main Sericin Components from the Cocoon of the Silkworm, Bombyx mori*. Biosci. Biotechnol. Biochem., 66 (12), 2715 –2718 , *2002*.

[42] Hanjin Oh, Ji Young Lee, Young-Kyu Lee, Ki Hoon Lee. *Enhanced mechanical property of sericin beads prepared from Ethanol-precipitated sericin*. Int. J. Indust. Entomol. Vol. 15, No.2, pp. 171-174, *2007*.

[43] Pilanee Vaithanomsat, Vichein Kitpreechavanich. *Sericin separation from silk degumming wastewater*. Separation and Purification Technology 59, 129–133, *2008*.

[44] Yu-Qing Zhang. *Application of a natural silk protein sericin in biomaterials*. Biotechnolgy Advances 20, 91-100, *2002*.

[45] Jin-Hong Wu, Zhang Wang, Shi-Ying Xu. *Preparation and characterization of sericin powder from silk industry wastewater*. Food Chemistry 103 (*2007*) 1255-1262.

[46] Norme française de solidité des teintures et d'impressions. NF G 07-200 : *Solidité au lavage à l'aide d'un détergent*. p 162-165, Décembre *1979*.

[47] W. D. Schindler and P. J. Hauser. *Chemical finishing of textiles*. The textile institute. Cambridge England. *2004*.

Références Webographiques

[Web.1] http://books.google.com. Harold A. Harper, Daryl K. Granner, Robert K. Murray, Peter A. Mayes, Victor W. Rodwell. Biochimie de Harper. Chapitre protéines: structure et fonction, p 58. 2002. Mars 2008.
[Web.2] http://www.ruf.rice.edu/~bioslabs/methods/protein/abs280.html. Mars 2008.
[Web.3] http://www.webbioch.net/modules/mydownloads/cache/files/prot_biuret.pdf. Mars 2008.
[Web.4] http://www.webbioch.net/modules/mydownloads/cache/files/lowry.pdf. Mars 2008.
[Web.5] http://www.ruf.rice.edu/~bioslabs/methods/protein/bradford.html. Mars 2008.
[Web.6] http://books.google.com. Mars 2008.

Annexes

Historique

L'origine de l'élevage du ver à soie appartient en partie à la légende. Celle-ci raconte que c'est la princesse chinoise Si-Ling-Chi qui, il y a 26 siècles, faisant tomber un cocon de papillon dans sa tasse de thé, découvre le principe du dévidage de la soie.

L'Empire de Chine a conservé durant plus de deux millénaires l'exclusivité de la fabrication de la soie. Son commerce s'étend, plus de deux siècles avant J.-C., jusqu'à la Grèce. Finalement le Japon, puis l'Inde, réussisse à découvrir le secret de la fabrication de la soie et deviennent d'importants producteurs.

Le tribunal de Perse utilisait les soies de Chine, effilées et retissées selon des dessins persans. Lorsque DariosIII, roi de Perse, se rendit à Alexandre le grand, il était vêtu de soie d'une telle splendeur qu'Alexandre exigea de la soie comme tribut. Des caravanes transportaient la soie à dos de chameau du cœur de l'Asie jusqu'à Damas en Syrie, un lieu d'échange entre l'Orient et l'Occident. Là, la soie était vendue contre des denrées précieuses en provenance d'Occident. La soie devint une marchandise de prix en Grèce et à Rome. Jules César avait réservé l'utilisation de cette fibre à son usage personnel et à celui de ses favoris. Mais, en dépit de cette restriction, la soie se répandit à Rome à cette époque.

Jusqu'à l'an 550 apr. J.-C., toutes les soies tissées en Europe provenaient d'Asie. Puis l'empereur Justinien Ier envoya deux moines de l'Eglise nestorienne en Chine où, au risque de leur vie, ils volèrent des graines de mûriers et des œufs de bombyx, les cachèrent et les rapportèrent à Byzance. Cela mit un terme au monopole chinois et perse de la soie. Le ver à soie fut introduit en Sicile et en Espagne avec l'expansion de l'Islam. Aux XIIe et XIIIe siècles, l'Italie était devenue le centre occidental de la soie, mais, au XVIIe siècle, la France la concurrençait pour la première place.

La Route de la soie

Annexe 1   *Généralités : La soie*

Cycle de vie de Bombyx du mûrier

1. Ponte et stockage des œufs :

Après l'accouplement, la femelle pond environ 500 petits œufs de couleur jaune. La ponte s'effectue généralement à la fin du printemps. Les œufs, appelés graines, arrêtent rapidement leur développement embryonnaire durant l'hiver, restant ainsi conservé pendant la saison froide. Ce n'est que sous l'influence de la hausse des températures printanières, que l'éclosion devient possible.

Ponte des œufs de Bombyx mûrier.

Ces graines se présentent sous la forme de lentilles d'un diamètre de 1,5 millimètre et prennent au bout de quelques jours une teinte grisâtre.

2. Transformation des œufs en vers :

Lors de l'éclosion, les vers de couleur noire, mesurent à peine 2 mm. Ils ont l'aspect de petites chenilles velues. Ils sont disposés alors sur des feuilles fraîchement cueillies et hachées, sur des rayons en planche "le taulier", dans un local chauffé. Douées d'un appétit considérable, la chenille grossit rapidement. Avant d'atteindre leur plein développement, les vers à soie subissent 4 changements de peau, appelées mues, maladies ou dormies. Les sériciculteurs disent "mes vers dorment à la première" ce qui signifie que les vers subissent leur première mue. Le terme de dormie vient du fait que pendant chaque mue, qui dure 24 heures, les vers restent immobile sans s'alimenter. Ces mues successives s'expliquent par la croissance démesurée du ver.

De mue en mue (5 âges) le ver atteint en une trentaine de jours sa taille maximum soit 6 à 8 cm et pèse environ 4 à 5 gr c'est-à-dire 10 000 fois son poids initial. Les vers sont nourris généralement 4 fois par jour. Les feuilles doivent être hachées très fin pendant les 3 premiers âges. Au 4ème âge, la feuille est coupée mais en plus gros, ce n'est qu'au 5ème âge que la feuille est donnée entière. L'élevage dure 30 à 40 jours suivant la température réussit à maintenir, soit en gros, le mois de mai.

3. Formation du cocon :

L'appétit des vers diminue, et ils ne s'alimentent plus, s'agitent dans tous les sens et cherchent à grimper. Le moment est venu de tisser leur cocon. Le sériciculteur fabrique des cabanes en forme d'arceau avec des rameaux de bruyère, de genêt, de bouleau, de colza, suivant l'endroit, c'est l'encabanage. Le corps des vers à soie devient transparent et prend une couleur jaune qui est la couleur de la soie. Les vers grimpent alors le long des bruyères et choisissent l'endroit où ils vont tisser leur cocon.

Formation du cocon.

Le cocon est formé de deux enveloppes de fil: la "blaze" et une enveloppe intérieure formée d'un tissu très serré. Le ver commence à se fixer dans les rameaux. Puis, il bave un premier fil: le "blaze". Ce premier fil sert à s'attacher aux rameaux. Il tisse alors son cocon, de l'extérieur vers l'intérieur, en tournant sur lui-même, sa tête décrit une forme de huit. Une journée après le début de sa construction, le cocon est bien avancée. La chenille ne mesure plus que 2,5 à 3 cm, il s'est vidé de toute sa soie: 800 à 1500 m de fil de soie.

4. Transformation du ver en papillon :

Après 15 à 20 jours de chrysalide, le Bombyx du mûrier se transforme en papillon. Il sort généralement de son cocon en brisant la chrysalide et en secrétant un liquide qui ramolli les fils de soie. Rapidement après l'éclosion, mâle et femelle s'accouplent pour créer un nouveau cycle.

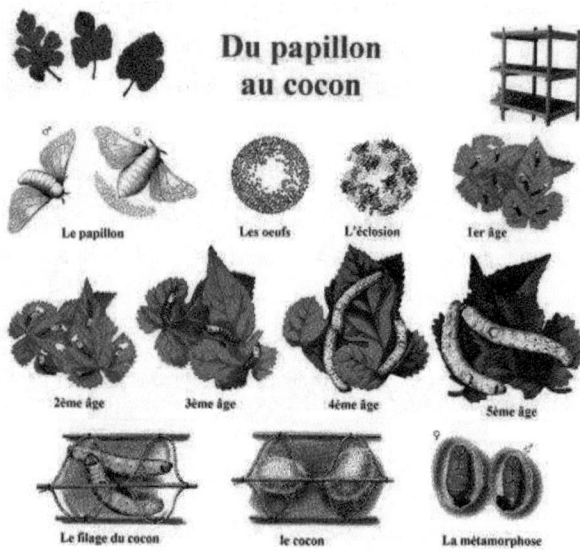

Cycle de vie de Bombyx de Mûrier.

Fabrication de la soie : Du cocon à l'étoffe

La fabrication de la soie se réalise en plusieurs étapes : le décoconnage, l'étouffage, la filature, le dévidage, le moulinage, le décreusage, la teinture et le tissage.

1. Le décoconnage :

Cette étape a lieu huit à dix jours après la fabrication du cocon. Les cocons sont enlevés de leur support et triés. On enlève la bourre ou « blaze », qui a servi à la fabrication du cocon.

2. L'étouffage :

Pour la fabrication de la soie, la chrysalide doit être tuée sans abîmer le cocon. Les cocons, seul destinés à la filature, sont étouffés dans des étuves de 70 à 80°C pendant 8 heures environ.

3. La filature :

Les cocons sont trempés dans l'eau bouillante pendant 4 à 5 min pour ramollir la séricine. Pour trouver l'extrémité de chaque fil, on remue constamment les cocons avec un petit balai qui sert à accrocher les premiers fils de dévidage. Dans les procédés récents, les cocons passent dans la cuve de filature ou de dévidage remplie d'eau tiède ; des brosses rondes rotatives frottent légèrement les cocons, libérant ainsi les extrémités des fils.

4. Le dévidage :

Chaque fil étant trop fin pour être utilisé tel quel, la dévideuse réunit les fils de plusieurs cocons, de quatre à dix selon la grosseur du fil désirée, et les dévide en même temps. Les fils se soudent entre eux grâce à la séricine, lors de son refroidissement, et sont enroulés sur des «dévidoirs».

Dévidage des cocons

5. Le moulinage :

Le moulinage consiste à tordre ensemble plusieurs fils de soie pour assurer leur solidité. Le nombre de torsions dépend de la qualité de fil que l'on désire obtenir. En effet, plus le fil est tordu, plus l'étoffe sera souple, mais plus la soie perd de sa brillance.

6. Le décreusage :

Le décreusage sert à éliminer le grès en faisant bouillir les écheveaux dans de l'eau savonneuse ou avec un dissolvant qui peut être tout simplement du savon de Marseille. C'est un travail assez délicat qui consiste à éliminer les dernières traces de grès.

Puisque le dégommage de la soie entraîne une diminution sensible du poids, due à la perte d'une partie de la séricine, afin de compenser le dommage économique qui en dérive, la soie va être soumise à un traitement dans des solutions de sels métalliques, ayant la propriété d'adhérer aux fibres en augmentant leur poids. Ce traitement, qui prend le nom de charge, peut être répété plusieurs fois jusqu'à ce qu'on atteigne le poids d'origine ou qu'on le dépasse. Dans ce dernier cas, la résistance de la fibre est assez diminuée.

7. La teinture :

Cette opération peut être effectuée sur la soie en flotte ou sur de la soie déjà tissée, qui prend alors le nom de « soie cuite ». La teinture de la soie se pratique toujours sur de la soie décreusée. Pour fixer la teinture, le fil est imprégné d'alun qui est un mordant.

Les colorants utilisés dans la teinture de la soie sont les colorants acides, les colorants métallifères, les colorants substantifs, les colorants réactifs et d'autres colorants tels que les colorants azoïques ou même basiques. Traditionnellement, la teinture était d'origine végétale, à base d'indigo ou de garance.

8. Le tissage :

Il se pratique avec de la soie sous la forme de flotte. Elle est enroulée sur un tambour, «l'ourdissoir», ce qui permet de monter les fils de chaîne sur le métier. La soie est dévidée sur une « cannette » qui sera placée dans la « navette ». La navette sert à tisser la trame du tissu.

Tableau I : Nomenclature des AA de la séricine

Nom complet de l'acide aminé	Code à trois lettres	pH isoélectrique
Alanine	Ala	6
Arginine	Arg	10,8
Aspartate ou acide aspartique	Asp	3
Cystéine	Cys	5
Glutamate ou acide glutamique	Glu	3,2
Glycine	Gly	6
Histidine	His	7,6
Isoleucine	Ile	6,1
Leucine	Leu	6
Lysine	Lys	9,8
Méthionine	Met	5,8
Phénylalanine	Phe	5,5
Proline	Pro	6,3
Sérine	Ser	5,7
Thréonine	Thr	6,5
Tryptophane	Trp	5,9
Tyrosine	Tyr	5,7
Valine	Val	6

Annexe 2   *Les Acides Aminés*

Classification des Acides Aminés

Alanine   Valine   Leucine   Isoleucine

Proline   Phénylalanine   Tryptophane   Méthionine

Structures des AA à chaînes latérales apolaires et hydrophobes.

Glycine   Tyrosine   Sérine   Cystéine   Thréonine

Structures des AA à chaînes latérales polaires et hydrophiles.

Structures des AA à chaînes latérales chargée positivement.

Structures des AA à chaînes latérales chargée négativement.

Tableau II : Pourcentages des acides aminés de la séricine

Acides Aminés	Pourcentage (%)
Sérine	27.3
Acide Aspartique	18.8
Glycine	10.7
Thréonine	7.5
Acide Glutamique	7.2
Arginine	4.9
Tyrosine	4.6
Alanine	4.3
Valine	3.8
Lysine	2.1
Histidine	1.7
Leucine	1.7
Phénylalanine	1.6
Isoleucine	1.3
Proline	1.2
Méthionine	0.5
Tryptophane	0.4
Cystéine	0.3

Tableau III : Composition en acides aminés des séricines

Acides Aminés	Séricine A	Séricine M	Séricine P
Sérine	39.0	35.4	33.2
Acide Aspartique	13.3	15.7	11.3
Glycine	14.3	16.0	14.1
Thréonine	3.3	9.7	12.2
Acide Glutamique	12.8	3.1	3.1
Arginine	2.9	3.4	4.0
Tyrosine	0.7	4.0	4.6
Alanine	5.5	4.1	8.1
Valine	0.7	3.2	3.9
Lysine	5.4	1.8	1.0
Histidine	1.0	1.3	nd
Leucine	0.5	0.9	1.6
Phénylalanine	0.4	0.2	0.7
Isoleucine	0.2	0.5	0.8
Proline	nd	0.6	1.3
Méthionine	nd	nd	nd
Tryptophane	-	-	-
Cystéine	0.1	0.0	nd

- : non déterminé
nd : non détecté

Courbe d'étalonnage des concentrations de la séricine

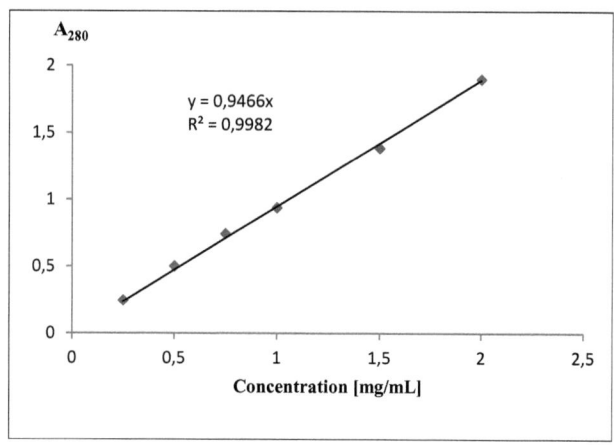

Plan d'expériences

Combinaisons	Température	RBE	Temps	R%
1	110	1/100	60	22,36
2	60	1/50	180	5,88
3	110	1/50	60	18,06
4	60	1/50	60	3,78
5	60	1/100	60	7,32
6	110	1/50	180	20,41
7	110	1/100	180	21,52
8	60	1/100	180	7,35

Annexe 4 *Machines et Appareils utilisés*

Spectroscope UV/VIS

La spectrophotométrie d'absorption UV-Vis est une technique simple, qui mesure l'absorption de la lumière par un échantillon dans l'UV proche (200-400nm) et dans le domaine visible VIS (400–800nm). En sachant quel éléments sont présents dans un échantillon, l'UV-VIS permet de déterminer avec précision la quantité de chaque composant. Ainsi, cette technique est employée pour mesurer les concentrations des substances absorbantes à l'aide des courbes d'étalonnage.

Figure 1 : Spectrophotomètre UV/Vis.

Mathis LABOMAT

Cette machine est destinée à réaliser la teinture sur des prototypes. Elle comprend 12 biberons de teinture fixés sur une table rotative, dont l'une est reliée à une sonde Pt100 haute précision pour mesurer la température réelle du bain. La chaleur est transmise aux biberons au moyen de la table rotative. Nous avons utilisé le Mathis pour effectuer le dégommage des cocons sous pression. Le procédé programmé est visualisé sur un afficheur.

Figure 2: Mathis LABOMAT   **Figure 3:** Afficheur de Mathis LABOMAT

Lyophilisateur

Cet appareil permet de séparer l'eau d'un produit solide. Un lyophilisateur de laboratoire est composé d'un piège froid et d'une pompe à vide. Le piège froid sert à piéger les vapeurs produites lors de la sublimation. Sa température doit impérativement être inférieure à la température de congélation du solvant. En cas de mélange de solvants, c'est le solvant ayant la température la plus basse qui servira de point bas. La pompe à vide sert à faire le vide. Ce vide limitera au maximum les échanges thermiques entre le milieu et le produit à lyophiliser.

Figure 4 : Lyophilisateur

Gyrowash

Cet appareil est conçu pour l'évaluation de la solidité des teintures au lavage. Il comprend un bain d'eau contenant un arbre tournant qui porte radialement des conteneurs de test en acier inoxydable. La température du bain est contrôlée par un thermostat pour maintenir la solution de lavage à la température prescrite. L'appareil dispose d'un panneau de commande facile à utiliser qui incorpore un contrôleur de température programmable et un timer. La fin de chaque test est indiquée par des alarmes sonores.

Annexe 4   *Machines et Appareils utilisés*

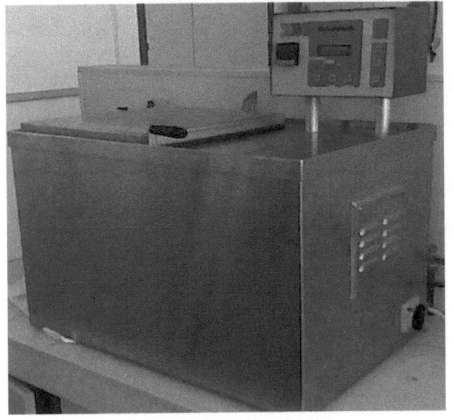
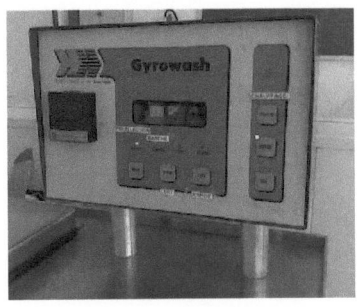

Figure 5 : Gyrowash   **Figure 6:** Console de contrôle

Autres appareils

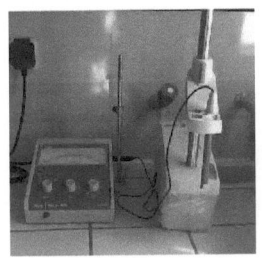

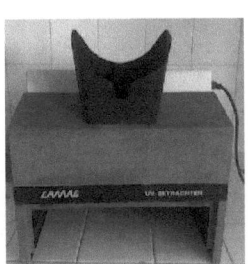

Figure 7 : pH-mètre   **Figure 8 :** Balance de précision   **Figure 9 :** Lampe UV

Extraction de la séricine

Les cocons de vers à soie ont été fournis par le projet pilote Tunisien-Coréen de sériciculture à Tabarka. Ils ont été séchés dans une chambre chauffante à une température de 70°C dans le but de tuer les chrysalides.

a- Protocole expérimental :

- ✓ **Matière première :** Les cocons coupés en pièces de 1cm² environ.
- ✓ **Matériels utilisés :** Bain marie, autoclave, eau distillée, béchers en verre, thermomètre, entonnoir et papier filtre.

b- Mode opératoire :

Dans 100mL d'eau distillée, on imprègne 2g de soie grège. L'opération de dégommage consiste à mettre les échantillons dans des béchers placés dans un bain marie à une température et une durée déterminées. La solution obtenue est filtrée par un papier filtre afin d'enlever les cendres et les cocons non dissous. Une fois la solution est filtrée, on la met dans le congélateur pour la préparer à la lyophilisation.

Finalement, on obtient la poudre de séricine d'une couleur jaunâtre.

Application sur la laine

1. Prétraitement de la matière :

Nous débutons par un traitement de blanchiment à l'hydrosulfite de sodium pour augmenter le degré de blanc et pouvoir visualiser la nuance de la séricine s'il a lieu.

1.1. Protocole expérimental :

- ✦ **Matière à traiter :** Echantillon de tissu en laine de 2,3g.
- ✦ **Matériels utilisés :** Bécher métallique, Balance de précision, Spatule, Thermomètre et Bain marie.
- ✦ **Produits utilisés :** Hydrosulfite de Sodium ($Na_2S_2O_4$) et eau distillée.

1.2. Mode opératoire :

Nous imprégnons l'échantillon dans un bain contenant 92mL d'eau distillée et 0,37g de $Na_2S_2O_4$ (4g/L). Le traitement est effectué à une température de 65°C pendant 2 h. Puis nous terminons par un rinçage à l'eau douce.

2. Application sur la matière :

L'application de la séricine sur la laine est effectuée selon la démarche suivante.

2.1. Protocole expérimental :

- ✦ **Matière à traiter :** Echantillon de tissu en laine blanchi de 2,3g.
- ✦ **Matériels utilisés :** Mathis, pH-mètre, Balance de précision, Bécher, Pipette, Eprouvette et Spatule.
- ✦ **Produits utilisés :** Acide acétique (CH_3COOH), Sulfate de Sodium (Na_2SO_4) et eau distillée.

2.2. Mode opératoire :

Au début, nous ajustons le pH de l'eau distillée à 5,5 par quelques gouttes d'acide acétique. Dans un bécher métallique de 250mL, nous mettons 92mL d'eau distillée ajustée à quelle nous introduisons 0,46g de sulfate de sodium (5g/L). La poudre de séricine introduite dans la solution était de 2,5% par rapport à l'échantillon, c'est-à-dire 0,06g.

Il est à noter que pour tous les essais, nous préparons deux bains, le premier sans échantillon et le deuxième avec échantillon.

Annexe 5 *Protocoles expérimentaux*

Application sur le coton

1. Prétraitement de la matière :

Nous avons utilisé un tissu toile en coton blanchi. Afin d'augmenter l'affinité tinctoriale du coton, nous avons effectué un traitement de caustification.

1.1. Protocole expérimental :

- **Matière à traiter :** Echantillon de tissu en coton pesant 1,8g.
- **Matériels utilisés :** Bécher métallique et Balance de précision.
- **Produits utilisés :** Hydroxyde de Sodium (NaOH) et eau distillée.

1.2. Mode opératoire :

Nous avons introduit dans un bécher 72mL d'eau distillée (RdB : 1/40) et 0,54g d'hydroxyde de sodium. L'échantillon a été imprégné dans le bain préparé pendant une durée allant de 30 à 60sec. Puis, nous avons effectué deux rinçages à froid.

2. Application sur la matière :

2.3. Protocole expérimental :

- **Matière à traiter :** Echantillon de tissu en coton de 1,8g.
- **Matériels utilisés :** Mathis, pH-mètre, Balance de précision, Bécher, Pipette, Eprouvette et Spatule.
- **Produits utilisés :** Acide acétique (CH_3COOH), Ammoniaque (NH_4OH), Sulfate de Sodium (Na_2SO_4) et eau distillée.

2.4. Mode Opératoire :

Nous ajustons le pH de l'eau distillée à 5 par quelques gouttes d'acide acétique. Dans un bécher métallique de 250mL, nous mettons 72mL d'eau distillée. Nous ajustons le bain de traitement à pH basique 8,8 par quelques gouttes d'ammoniaque. Nous introduisons 1,8 g de sulfate de sodium (25g/L) dans les deux bains. La poudre de séricine introduit dans la solution était de 5% par rapport à l'échantillon, c'est-à-dire 0,09g.

Annexe 5   *Protocoles expérimentaux*

Au cours de l'application de la séricine sur le coton, nous avons suivi le même procédé que celui de l'application sur la laine.

3. Cationisation de coton :

3.1. Protocole expérimental :

- **Matière à traiter :** Echantillon de tissu en coton pesant 1,8g.
- **Matériels utilisés :** Bécher métallique et Balance de précision.
- **Produits utilisés :** Agent de cationisation **REWIN 05**, Hydroxyde de Sodium (NaOH) et eau distillée.

3.2. Mode opératoire :

Le volume total du bain a été de 72 mL (Rb=1/40). Dans un bécher métallique, nous avons introduit 3,5 % de **REWIN 05** (2,52 mL), 2 mL/L NaOH 38°Be (0,14 mL) et de l'eau distillée. L'échantillon a été imprégné à 40°C pendant 20-30 min. Puis, l'échantillon a été neutralisé pour avoir un pH final entre 5 et 7.

La solution de NaOH 38°Be a été préparé avec une concentration de 441g de NaOH dans un litre d'eau distillée.

Solidité au lavage

- **Norme appliquée :** NF G 07-200
- **Appareillage :** Gyrowash.
- **Produits utilisés :** détergent (***HOCHEST***) et eau distillée.

Mode opératoire :

Nous plaçons l'échantillon à laver dans un récipient contenant 150 mL d'eau distillée et 4 g/L de détergent. La température du traitement a été réglée à 40°C pendant 30 min. A l'issue du lavage, l'éprouvette est rincée deux fois dans de l'eau distillée froide et puis imprégnée dans l'eau froide pendant 10 min et exprimée. Dans le cadre de notre objectif, nous avons fixé un rapport de bain de lavage de 1 g d'éprouvette pour 50 mL d'eau distillée.

Adoucissage de la laine

- **Produits utilisés :** Adoucissant cationique «***SOFT CW***», acide acétique et eau distillée.

Mode opératoire :

L'échantillon de laine blanchie a été imprégné dans un bain ajusté à un pH 6-6,5 dans lequel nous avons introduit 0,5-4% d'adoucissant. Le procédé a duré 20min à une température entre 40 et 45°C.

I want morebooks!

Buy your books fast and straightforward online - at one of the world's fastest growing online book stores! Environmentally sound due to Print-on-Demand technologies.

Buy your books online at
www.get-morebooks.com

Achetez vos livres en ligne, vite et bien, sur l'une des librairies en ligne les plus performantes au monde!
En protégeant nos ressources et notre environnement grâce à l'impression à la demande.

La librairie en ligne pour acheter plus vite
www.morebooks.fr

SIA OmniScriptum Publishing
Brivibas gatve 1 97
LV-103 9 Riga, Latvia
Telefax: +371 68620455

info@omniscriptum.com
www.omniscriptum.com

Printed by Books on Demand GmbH, Norderstedt / Germany